THAT'S GEOMETRY ▶ 01

点线面

■米莱童书 著/绘

U0275456

带你走进精彩的
几何世界

北京理工大学出版社
BEIJING INSTITUTE OF TECHNOLOGY PRESS

推荐序

　　40 岁的柏拉图在雅典创立了柏拉图学园，学园的大门上写下了"不懂几何者不得入内"的标语。这是为什么呢？这要从几何说起了，几何来源于生活，历史悠久。原始人为了生存，认识了猎物的形状、大小、位置等与几何相关的知识。后来，几何被用在了建筑、测绘以及各种工艺制作中，中国在公元前 13、14 世纪就已经有了"规""矩"这种用于测量的工具，古埃及人也发明了测定土地界线的"测地术"。到了现在，几何已经发展成了一门研究空间结构和性质的学科，同时也成了训练抽象思维能力、空间想象能力和逻辑推理能力的最有效的工具。

　　作为数学最基本的研究内容之一，几何中的定义和概念都是从人们的实际生活中抽象出来的。在系统地学习几何的过程中，小朋友会经历从实际生活中抽象出几何图形的过程以及将抽象图形具象为实际物体的过程，空间观念和想象能力得以随之发展。另外，通过对几何公理的推理和演绎，小朋友的逻辑推理能力也将得到提升。毫不夸张地说，几何可以为万物赋能。几何中涵盖着艺术的美感，许多包括绘画、建筑设计在内的工作都要求具备几何基础知识；同时，几何也能为绘图、天体观测等测绘行业提供帮助；几何成像技术的发展为医学、人工智能、软件开发等信息领域行业提供了更广阔的前景。了解几何、感悟几何，可以为孩子的未来职业发展奠定良好的基础。

　　就像柏拉图学园要求"不懂几何者不得入内"一样，几何在我们生活中的作用是不可取代的。基于这样的事实和需求，《这就是几何》聚焦于平面图形、立体图形、图形的位置和运动、几何直观等几何中的主题和要素，深入浅出地讲解几何知识，以引导孩子发现几何的奥妙。同时，书中渗透了历史、文化等方面的内容，满足孩子对综合知识的摄取，让几何在孩子眼中的形象变得更加丰满、有趣。

　　希望这本书能够成为孩子们几何学习道路上的助力器，学好几何、用好几何。

中国科学院院士、数学家、计算数学专家

郭柏灵

目 录

我无处不在

广阔的海面上，渔船竖着直直的桅杆朝着岸边驶去。我就藏在桅杆上，遥望着远处的万家灯火。

我在这里，你看见我了吗？

这儿呢这儿呢，快看我！

熙熙攘攘的岸边，小朋友牵着飘起来的气球慢慢地往家走去。我就藏在绑着气球的细线上，谁都发现不了我。

抓不到我！

回到温暖的家中，我藏在每一个地方，墙壁上、窗框里、电视中……你走到哪里都能看见我。

看我看我！

这儿！

我在这里！

奔跑的点

我在这里！

点点兄弟的大名叫"点"，它生活在世界的每一个角落。我们觉得地球那么那么大，可是站在宇宙中，看到的地球也只不过是一个点。

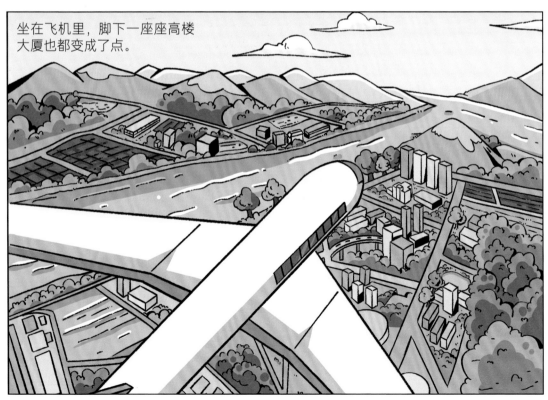

坐在飞机里，脚下一座座高楼大厦也都变成了点。

站在高楼上，下面的小汽车和行人也都是一个个的点。

当你拿起一支笔，在白纸上轻轻地点了一下，看，你就创造了一个点。

看到了我这么多的点点兄弟，你是不是觉得很奇怪，因为它们看上去和我也不像啊。这样的它们和我有什么关系呢？别着急，让我们再回到太空里看一看。

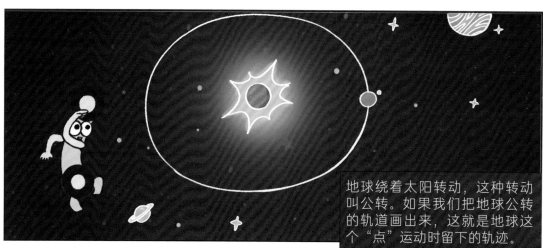

地球绕着太阳转动，这种转动叫公转。如果我们把地球公转的轨道画出来，这就是地球这个"点"运动时留下的轨迹。

在几何中，点的运动轨迹就叫作"线"。地球公转的轨道其实就是一条弯曲的线，也就是曲线。

你可以在许多地方发现曲线。在炒菜的大锅上……

在喝水的杯子上……

就连你自己的身上，都能找到曲线。

我真可爱！

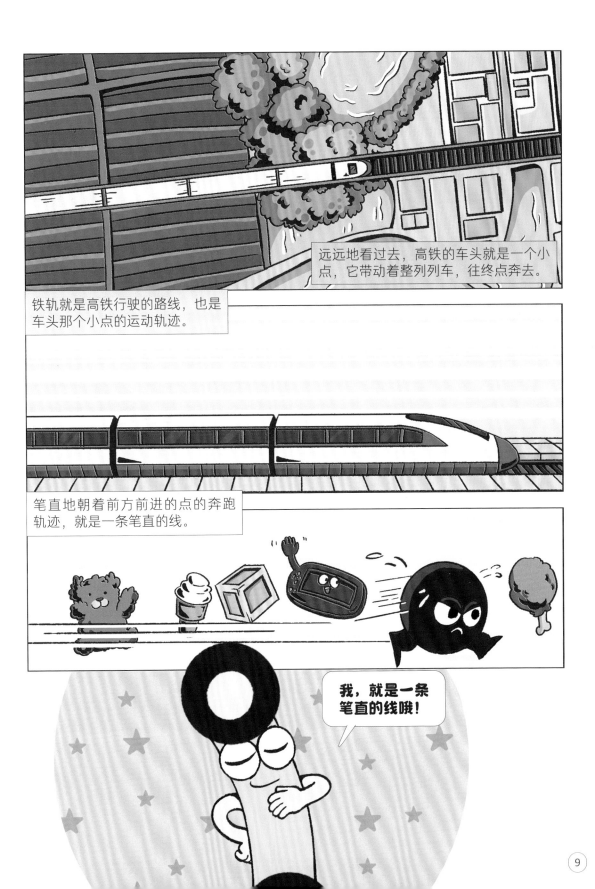

远远地看过去，高铁的车头就是一个小点，它带动着整列列车，往终点奔去。

铁轨就是高铁行驶的路线，也是车头那个小点的运动轨迹。

笔直地朝着前方前进的点的奔跑轨迹，就是一条笔直的线。

我，就是一条笔直的线哦！

没有尽头的直线

弯曲的线叫作曲线，那笔直的线是不是就叫直线呢？

很遗憾地告诉你，不是所有的笔直的线都叫直线。我就不是一条直线，你在生活中见到的许多笔直的线，也都不是直线。

因为直线不仅要"直"，它还要有向两边无限延伸的能力。当你站在一条笔直笔直的马路边上，左右都看不到路的尽头时，我们就可以把这条路当作是一条可以向两边无限延伸的直线。

长！长！长！

孙悟空有个可以变短变长的金箍棒，在它变长的时候，两边向外延伸，也像是一条直线。

只有起点没有终点

你用过手电筒吗？晚上的时候，打开手电筒，就会有很多很多的光涌出来，替我们照亮道路。

如果你把手电筒举起来，对准天空，手电筒发射出来的光线就会直直地射向天空，你不知道它会在哪里停下。

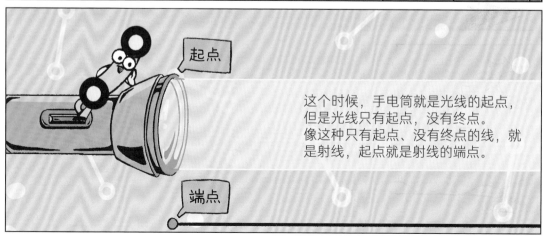

起点

端点

这个时候，手电筒就是光线的起点，但是光线只有起点，没有终点。
像这种只有起点、没有终点的线，就是射线，起点就是射线的端点。

射线从端点发射出去，冲向未知的前方。从太阳出发的太阳光，就是一种射线。

老师上课的时候，有时会用激光笔指着黑板上的知识。激光笔发射出来的激光，就是一种射线。

你在动画片里看到的超人为了打败敌人而发射出的一些攻击光线，也是一种射线。

可是，攻击光线总是会落在敌人身上，就像是阳光被大地拦截、激光被黑板挡住去路一样。那么，被拦住的射线还是射线吗？

"有头有尾"的线段

其实射线本身还是射线，就算是它暂时被一些不能穿透的物体拦住，也改变不了它没有端点的那一头可以无限延伸的事实。不过，我们可以只看局部呀。

如果我们把激光笔到玻璃中间的这一段激光单独拿出来看，你就会发现它是一条有头有尾的线。激光笔是起点，玻璃就是终点。

这样的线就是有头有尾的线段。没错，就是我！

终点

起点

线段有头有尾，它的"头"和"尾"就是它的两个端点。这两个端点抑制住了它延伸的能力，所以线段不能无限延伸。

旗杆不能无限延伸，它是有两个端点的线段。

跳绳也不能无限延伸，你把它拉直看一看，这两个手柄就是它的两个端点。

你还可以在直线或者射线上面任意捏住两个点，这两个点之间的部分就是一条线段。就像你把金箍棒上这一段红色的部分拿出来一样。

仔细看一看，生活中到处都是我们线段呢。虽然我们不能无限延伸，但是正因为如此，我们才在大家的生活中起着很大的作用！

长短不一的我们

不能延伸的线段看上去好像失去了一项超能力，可是这样的我才有着直线和射线都没有的东西，那就是长度！

跳绳有长度，旗杆也有长度，旗杆要比跳绳长。

哼！

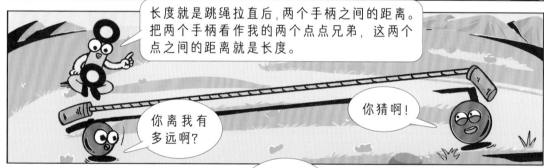

长度就是跳绳拉直后，两个手柄之间的距离。把两个手柄看作我的两个点点兄弟，这两个点之间的距离就是长度。

你离我有多远啊？

你猜啊！

我现在和我家的树一样高了！

树？天呐！

你的身高也是一种长度，那就是头顶到脚底的距离。哈哈哈，你看，没有标准的长度单位，这样说就闹笑话了吧。

其实早在很久很久以前，人们就发现了长度单位没有统一标准的不便了。

说好的这布要有2尺长，怎么才这么短？我要退钱！

这布在我们村儿就是2尺长，你们村儿的标准和我们不一样，这能怪我吗？

注：尺，中国传统长度单位，1米等于3尺。

后来，秦始皇一统六国之后，他就下令统一了全国的度量衡。"度"就是当时测量长度的工具。

以后只能用我秦国的度器去测量长度！

但是以前的长度单位在现在已经不适用啦，现在都会用一些国际通用的长度单位。比如，妈妈帮你测量身高时就会用到的**厘米（cm）**。

大拇指的指甲盖就有大约1厘米宽。

又长高了1厘米呀！

厘米还有个"弟弟"，叫**毫米（mm）**，你可以在中性笔的笔身上发现它的存在。

这个就是想要告诉你，这支笔写出来的每一笔每一画都是1毫米粗。

如果用不同颜色的1mm中性笔在纸上画10道竖线，你就拥有了一个可以贴满大拇指指甲盖的小彩虹。

这是因为 10 个 1 毫米排在一起，就能变成 1 个 1 厘米，在我的好朋友"直尺"身上就能看出来这一点！

大家好，我是直尺！我身上每两个相邻的数字之间的长度就代表 1 厘米，这个长度被平均分成 10 个小格，每个小格就代表了 1 毫米。

1cm=10mm

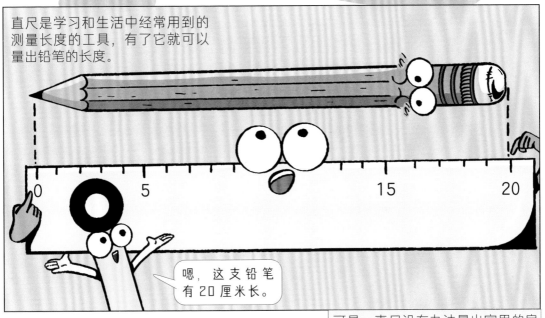

直尺是学习和生活中经常用到的测量长度的工具，有了它就可以量出铅笔的长度。

嗯，这支铅笔有 20 厘米长。

可是，直尺没有办法量出家里的房子有多高，我们平常也不会用厘米和毫米来描述房子的高度。

生活中到处都有长度，有长度的地方就有我们线段，从很短很短的毫米，到很长很长的千米，我们线段家族有无数个长短不同的兄弟姐妹。

小朋友的身高有120厘米呢，这件衣服会比较合适一点。

客户说桌子要100厘米长的，让我来检查一下。

就算是曲线，也可以拉直成线段，测量出长度哦！

我们有长度的线段是不是在你的生活中起了很大作用呢？哼哼，我们的作用可不止如此哦！

我们的关系不一般

生活中有很多线段，它们当中有的喜欢独来独往，就像是藏在铅笔身上的线段一样。

但是大部分线段，都要和同伴们待在一起。

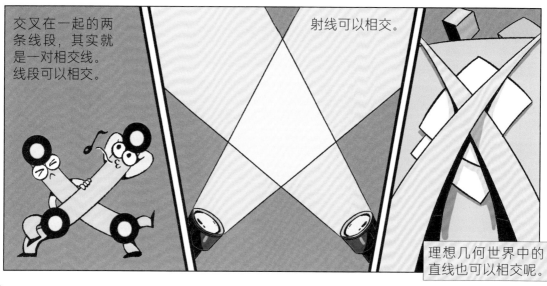

交叉在一起的两条线段，其实就是一对相交线。线段可以相交。

射线可以相交。

理想几何世界中的直线也可以相交呢。

线和线相交的点，就是它们的交点。你看，这个点就是时针和分针的交点。

交点

藏在剪刀刀刃中的两条线段是相交的，它们也有一个交点！

交点

交点

这样的两条窗框也相交在一起，这就是一个交点。

课本的边也相交在一起，也有交点。

交点

数学

这种相交看上去怎么和窗框的相交那么像呢？

变成"十"字的两条线

这样的两条直线组合起来，像不像一个"十"字？其实，这种很特殊的相交叫作垂直。课本的这两条边就是一对互相垂直的线。

常见的十字路口也是两条互相垂直的公路，它们相交形成的十字路口就是它们的垂足。

互相垂直的两条线互为对方的**垂线**，两条垂线的交点还有个新名字，叫作**垂足**。

既然垂直是一种特殊的相交，
那什么样的相交才是垂直呢？

各种各样的角

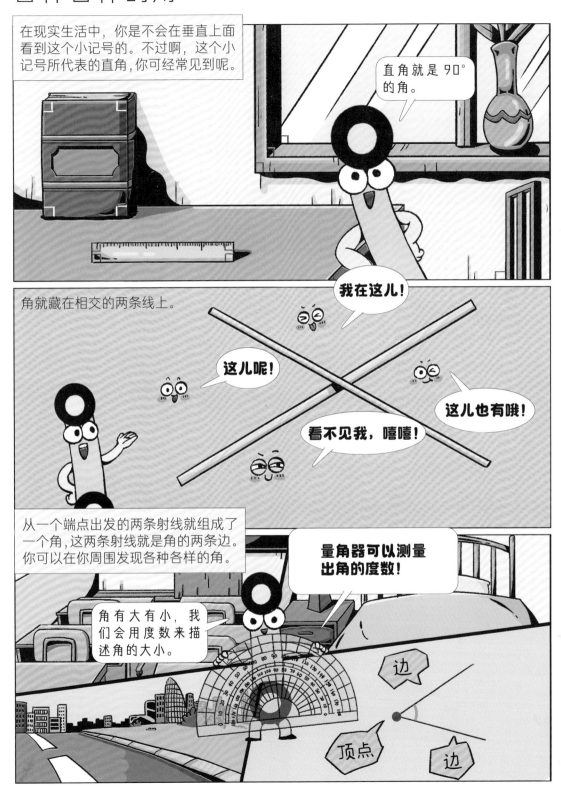

在现实生活中，你是不会在垂直上面看到这个小记号的。不过啊，这个小记号所代表的直角，你可经常见到呢。

直角就是 90° 的角。

角就藏在相交的两条线上。

我在这儿！

这儿呢！

看不见我，嘻嘻！

这儿也有哦！

从一个端点出发的两条射线就组成了一个角，这两条射线就是角的两条边。你可以在你周围发现各种各样的角。

量角器可以测量出角的度数！

角有大有小，我们会用度数来描述角的大小。

边

顶点

边

90° 的角就是直角，在量角器上，直角的两条边分别对准了 0 和 90 所在的刻度线。

量角器上面每两个刻度线之间就是 1°，直角就被等分成 90 份，每一份也都是 1°。

直角在我们生活中很常见，在几何中，也经常把直角作为一个标杆来给不同大小的角进行命名。

我们通常都会用量角器去量一个角的大小。现在，跟我一起去量一量吧！

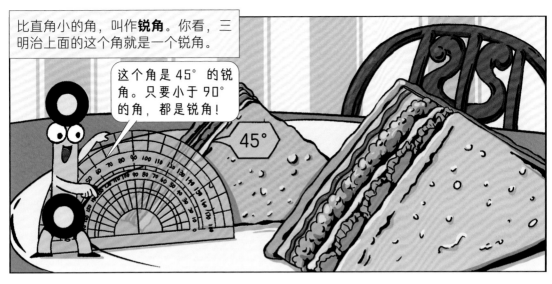

比直角小的角，叫作**锐角**。你看，三明治上面的这个角就是一个锐角。

这个角是 45° 的锐角。只要小于 90° 的角，都是锐角！

45°

比直角大的角，就是**钝角**，红领巾上就有一个钝角。

120°

就在这儿！钝角都比 90° 大哦。

当组成角的两条射线都躺在同一条直线上时，就像是完全打开的贺卡一样，这个角就会变成由两个直角组成的**平角**。

平角是 180°，也就是说，有 180 份 1° 的角。

注：
一个图形绕着一个定点转动就是旋转。

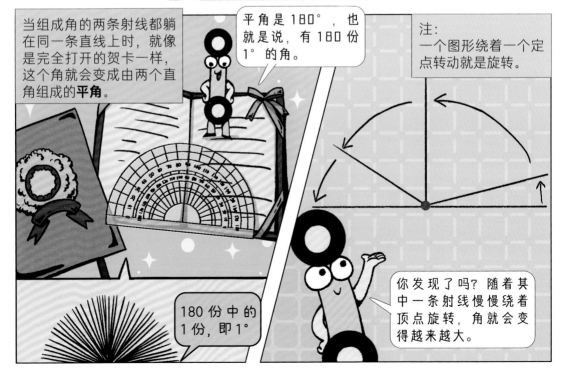

180 份中的 1 份，即 1°

你发现了吗？随着其中一条射线慢慢绕着顶点旋转，角就会变得越来越大。

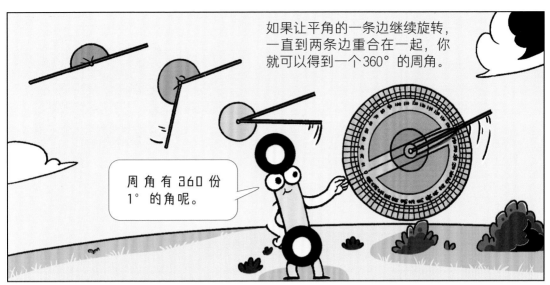

如果让平角的一条边继续旋转，一直到两条边重合在一起，你就可以得到一个360°的周角。

周角有 360 份 1° 的角呢。

乍一看上去，周角和平角长得好像一样呢，不过它们是有区别的哦。

我的两条边重叠在了一起。

组成我的两条射线可没有重叠在一起！

不管角有多大，它们总是藏在我们的生活中，时钟里面就有各种各样的角！你能说出来它们都是什么角吗？

永远都碰不到一起

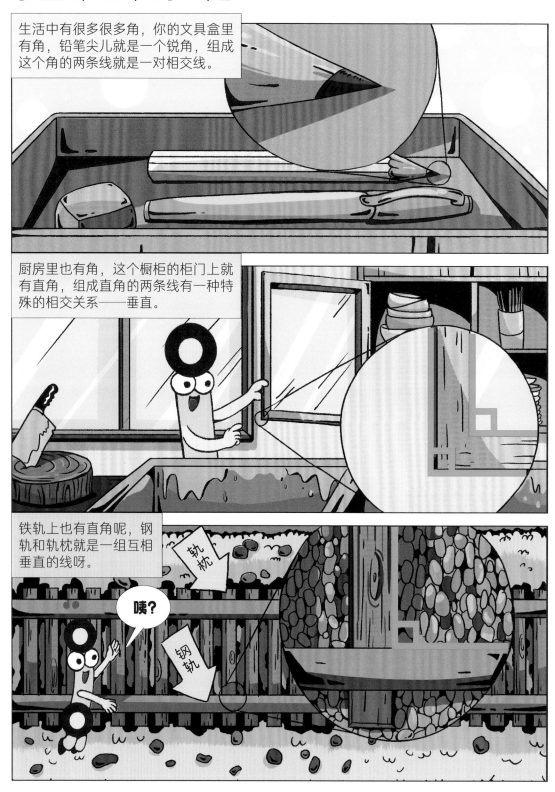

生活中有很多很多角，你的文具盒里有角，铅笔尖儿就是一个锐角，组成这个角的两条线就是一对相交线。

厨房里也有角，这个橱柜的柜门上就有直角，组成直角的两条线有一种特殊的相交关系——垂直。

铁轨上也有直角呢，钢轨和轨枕就是一组互相垂直的线呀。

轨枕

咦?

钢轨

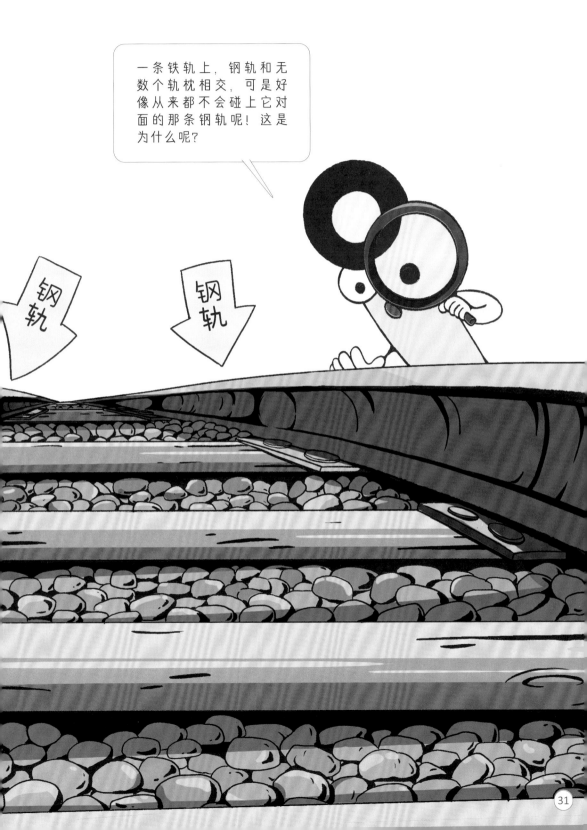

这、这铁轨怎么变窄了，再往前开轮子就要飞出去了！

其实，为了保证火车和高铁能顺利前进，两条钢轨要永远都保持着一样的距离。

喷
喷

和钢轨垂直的轨枕也没有交点，每两个轨枕也是相互平行的。这种在同一平面内永远都不会有交点的两条线，就是平行线。

永远保持着一样距离的两条钢轨，就是在平行着前进。它们永远都不会有交点。

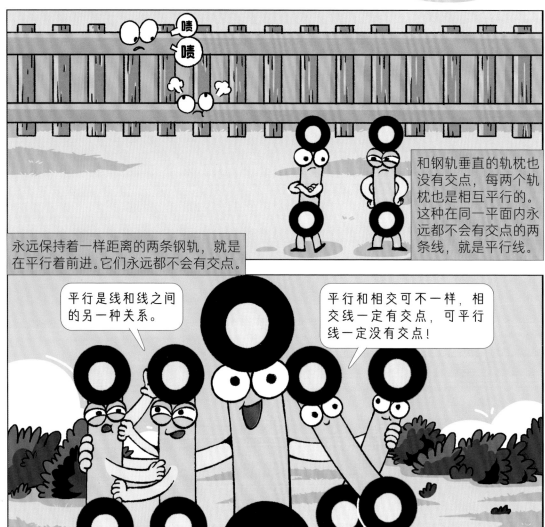

平行是线和线之间的另一种关系。

平行和相交可不一样，相交线一定有交点，可平行线一定没有交点！

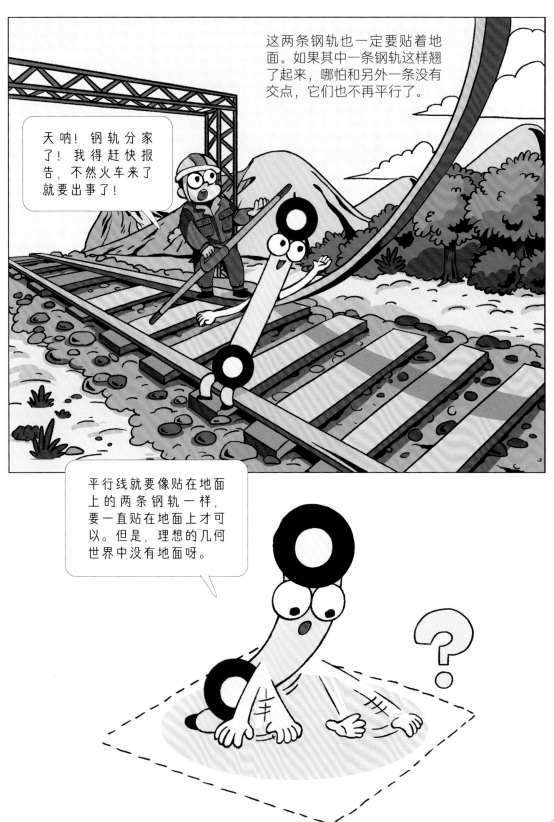

平平的面

其实，我们可以把地面当作几何中的平面，你家里的小镜子也是平面。

墙面也是平面，装修师傅可以用油漆刷在墙面上刷满油漆。

一道一道又一道，刷好这面墙就要刷下一面墙了。挨在一起的两面墙，就是两个不同的平面；打开的窗户和墙面，也是两个不同的平面。

咦？这面墙又是一个平面呀？

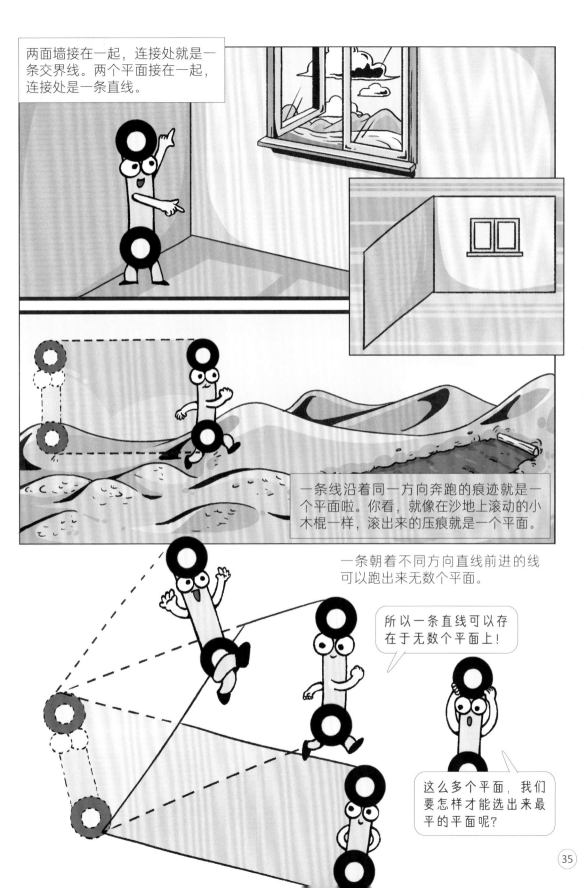

两面墙接在一起，连接处就是一条交界线。两个平面接在一起，连接处是一条直线。

一条线沿着同一方向奔跑的痕迹就是一个平面啦。你看，就像在沙地上滚动的小木棍一样，滚出来的压痕就是一个平面。

一条朝着不同方向直线前进的线可以跑出来无数个平面。

所以一条直线可以存在于无数个平面上！

这么多个平面，我们要怎样才能选出来最平的平面呢？

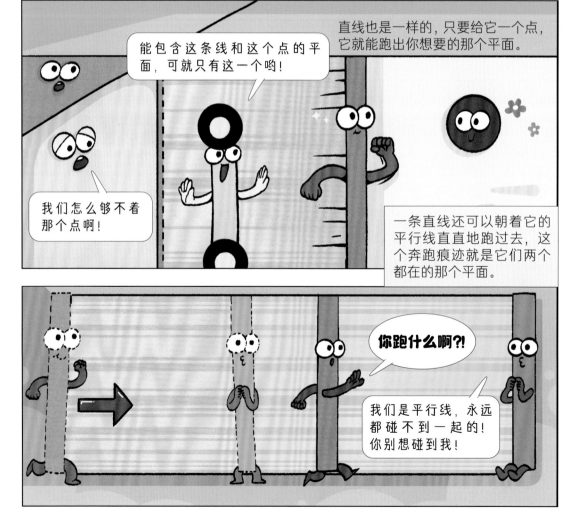

点跑起来变成了线，线动起来又变成了面。点、线、面是构成几何世界的基础，认识了我们，奇妙的几何世界也向你敞开了大门。

点、线、面藏在你生活中的每一个角落，就让我们一起去探寻生活中的几何奥妙吧！

概念收纳盒

直线： 没有端点并且可以无限延伸的一条笔直的线。

射线： 只有一个端点的笔直的线。射线也可以无限延伸。

线段： 直线上两点之间的部分就是线段。线段有两个端点，可以测量长度。

长度： 两个点之间的距离就是长度。

相交线： 有一个交点的两条直线就是一对相交线。

垂直： 两条直线相交成直角，就说这两条直线互相垂直。

平行线： 在同一平面内不相交的两条直线叫作平行线。

直角： 90°的角就是直角。

锐角： 指的是大于0°、小于90°的角。

钝角： 指的是大于90°、小于180°的角。

平角： 一条射线绕着它的端点旋转半周，形成的角叫作平角，平角是180°。

周角： 一条射线绕着它的端点旋转一周，形成的角叫作周角，周角是360°。

米莱童书

米莱童书

米莱童书是由国内多位资深童书编辑、插画家组成的原创童书研发平台。旗下作品曾获得 2019 年度"中国好书"，2019、2020 年度"桂冠童书"等荣誉；创作内容多次入选"原动力"中国原创动漫出版扶持计划。作为中国新闻出版业科技与标准重点实验室（跨领域综合方向）授牌的中国青少年科普内容研发与推广基地，米莱童书一贯致力于对传统童书进行内容和形式的升级迭代，开发一流原创童书作品，适应当代中国家庭的阅读与学习需求。

策 划 人： 刘润东

原创编辑： 韩茹冰

知识脚本作者： 于利 北京市海淀区北京理工大学附属小学数学老师，34 年小学数学教学经验，海淀区优秀"四有"教师。

漫画绘制： Studio Yufo

装帧设计： 张立佳　刘雅宁　刘浩男　辛　洋　马司雯　朱梦笔

封面插画： 孙愚火

图书在版编目（CIP）数据

这就是几何 : 全9册 / 米莱童书著绘. -- 北京 ：

北京理工大学出版社, 2023.6 (2024.2 重印)

ISBN 978-7-5763-2252-1

Ⅰ.①这… Ⅱ.①米… Ⅲ.①几何 – 儿童读物 Ⅳ.

①O18-49

中国国家版本馆CIP数据核字(2023)第060192号

出版发行 / 北京理工大学出版社有限责任公司

社　　址 / 北京市丰台区四合庄路6号

邮　　编 / 100070

电　　话 / （010）82563891（童书出版中心）

网　　址 / http://www.bitpress.com.cn

经　　销 / 全国各地新华书店

印　　刷 / 北京尚唐印刷包装有限公司

开　　本 / 710毫米 × 1000毫米　1 / 16

印　　张 / 22.5

字　　数 / 540千字

版　　次 / 2023年6月第1版　2024年2月第4次印刷

定　　价 / 200.00元（全9册）

责任编辑 / 陈莉华

　　　　　吴　博

文案编辑 / 陈莉华

责任校对 / 刘亚男

责任印制 / 王美丽

这就是几何

THAT'S GEOMETRY ▶ **02**

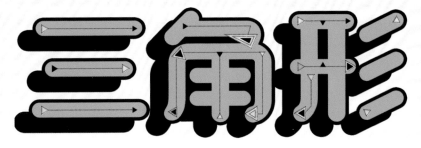

■米莱童书 著/绘

带你走进精彩的
几何世界

北京理工大学出版社
BEIJING INSTITUTE OF TECHNOLOGY PRESS

推荐序

  40 岁的柏拉图在雅典创立了柏拉图学园，学园的大门上写下了"不懂几何者不得入内"的标语。这是为什么呢？这要从几何说起了，几何来源于生活，历史悠久。原始人为了生存，认识了猎物的形状、大小、位置等与几何相关的知识。后来，几何被用在了建筑、测绘以及各种工艺制作中，中国在公元前 13、14 世纪就已经有了"规""矩"这种用于测量的工具，古埃及人也发明了测定土地界线的"测地术"。到了现在，几何已经发展成了一门研究空间结构和性质的学科，同时也成了训练抽象思维能力、空间想象能力和逻辑推理能力的最有效的工具。

  作为数学最基本的研究内容之一，几何中的定义和概念都是从人们的实际生活中抽象出来的。在系统地学习几何的过程中，小朋友会经历从实际生活中抽象出几何图形的过程以及将抽象图形具象为实际物体的过程，空间观念和想象能力得以随之发展。另外，通过对几何公理的推理和演绎，小朋友的逻辑推理能力也将得到提升。毫不夸张地说，几何可以为万物赋能。几何中涵盖着艺术的美感，许多包括绘画、建筑设计在内的工作都要求具备几何基础知识；同时，几何也能为绘图、天体观测等测绘行业提供帮助；几何成像技术的发展为医学、人工智能、软件开发等信息领域行业提供了更广阔的前景。了解几何、感悟几何，可以为孩子的未来职业发展奠定良好的基础。

  就像柏拉图学园要求"不懂几何者不得入内"一样，几何在我们生活中的作用是不可取代的。基于这样的事实和需求，《这就是几何》聚焦于平面图形、立体图形、图形的位置和运动、几何直观等几何中的主题和要素，深入浅出地讲解几何知识，以引导孩子发现几何的奥妙。同时，书中渗透了历史、文化等方面的内容，满足孩子对综合知识的摄取，让几何在孩子眼中的形象变得更加丰满、有趣。

  希望这本书能够成为孩子们几何学习道路上的助力器，学好几何、用好几何。

中国科学院院士、数学家、计算数学专家

郭柏灵

目录

三角形是最稳定的平面图形，你看，世界著名建筑金字塔上就有三角形。

自行车的车架上也用到了三角形。

你找到三角形了吗？

你是不是好奇，为什么三角形就是最稳定的呢？嘿嘿，走，我带你一起去揭开这个秘密。

我身上有三条线段

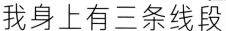

只要一个图形的每个部分都在同一个平面上，它就是平面图形。

三角形是一个平面图形。

我们身上的所有线段都只能在一个平面上！

三角形上的三条线段，就是它的三条边，边和边的交点就是三角形的顶点。

就像自行车上面的三角形车架一样，车架上每一条梁都有长度，三角形的每一条边也都有长度，那就是它的边长。

边

顶点

三角形不仅有边长，它还有周长。周长就是环绕一个图形一周的长度。你绕着操场跑一圈，你跑了多远，这个操场的"周长"就有多长。

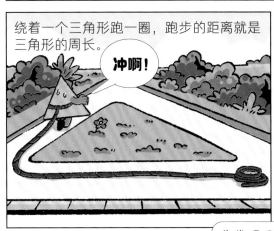

绕着一个三角形跑一圈，跑步的距离就是三角形的周长。

冲啊！

草坪是三角形的，这条绳子把三角形围了起来，所以绳子的长度就是三角形的周长。

你发现了吗，我们三角形的周长其实就是三条边的边长之和。

三角形的三条边就是三条线段。

那任意三条线段都可以围成一个三角形吗？

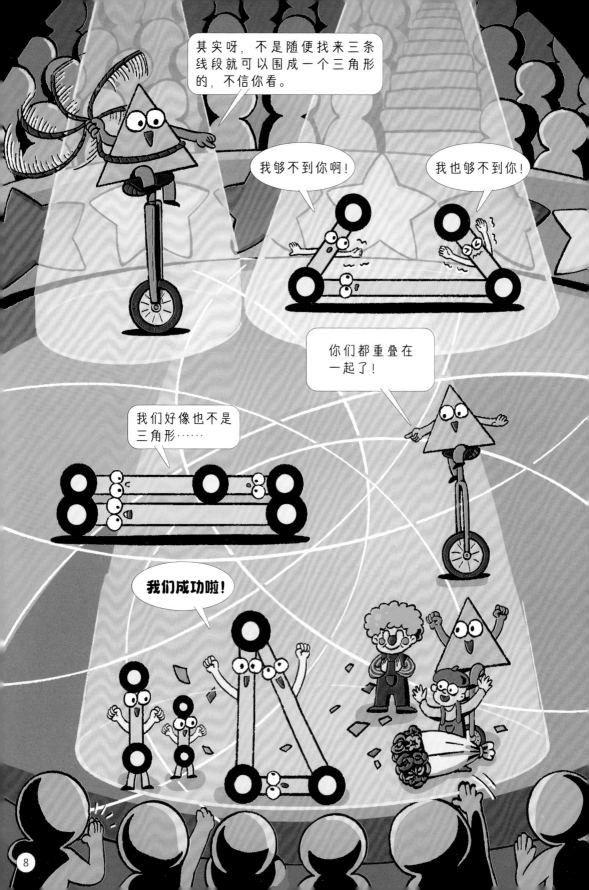

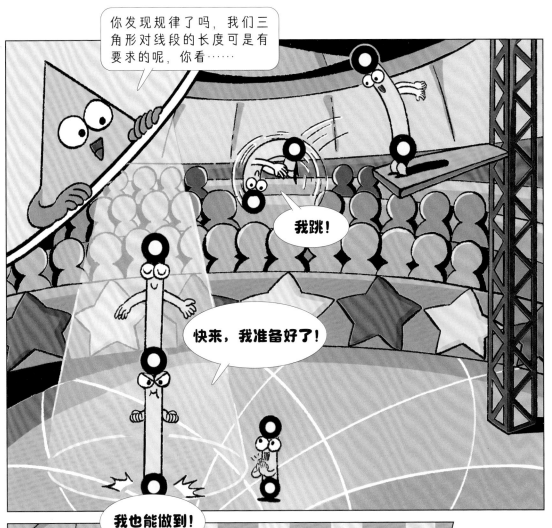

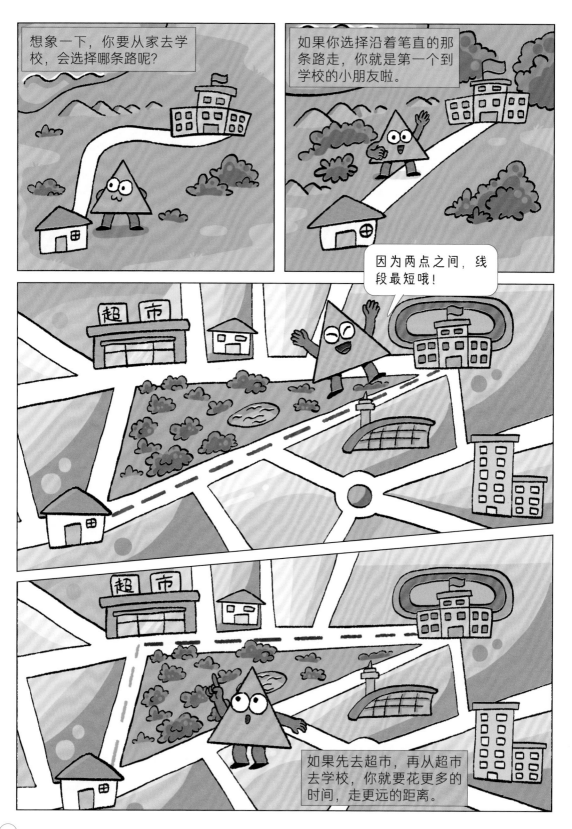

永远都不会变形

让我们先把这个三角形的衣架拆开，看看我们可不可以把它拼成一个全新的衣架吧！

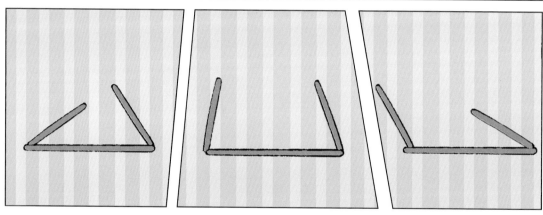

不管怎么拼，总有两根木条不能和对方连在一起，这可怎么办呢？

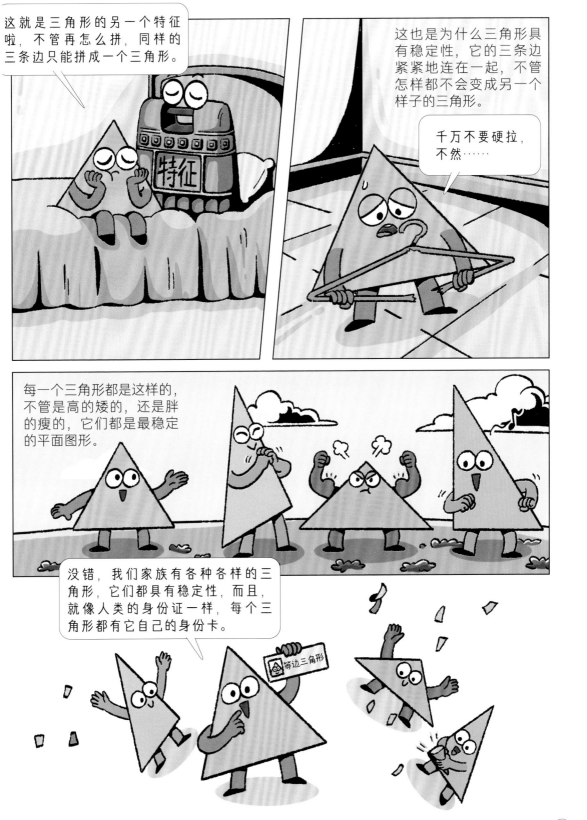

这就是三角形的另一个特征啦，不管再怎么拼，同样的三条边只能拼成一个三角形。

特征

这也是为什么三角形具有稳定性，它的三条边紧紧地连在一起，不管怎样都不会变成另一个样子的三角形。

千万不要硬拉，不然……

每一个三角形都是这样的，不管是高的矮的，还是胖的瘦的，它们都是最稳定的平面图形。

没错，我们家族有各种各样的三角形，它们都具有稳定性，而且，就像人类的身份证一样，每个三角形都有它自己的身份卡。

等边三角形

三角形的身份卡

还记得之前的角吗？单独的角有大小，三角形里的角也有大小。三角形的这张身份卡，就是根据它的角制定的。

ID：锐角三角形

∠1： 55°
∠2： 45°
∠3： 80°

三角形的三个角都是锐角时，它就是一个锐角三角形。

装扮中经常会用到我，我就是小彩旗！我三个角都是锐角，是个锐角三角形！

如果三角形里有两个角是90°，那会怎样呢？

当有一个角是90°的时候，这个三角形就是一个直角三角形。

我也有身份卡了！

"隐形"的线段们

瓦房是我们国家的传统建筑之一，它房梁里面用的三角架，其实就利用了三角形的稳定性。

没错，别看钝角三角形很扁，它也是具有稳定性的！

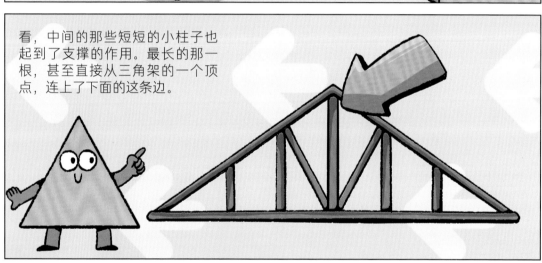

看，中间的那些短短的小柱子也起到了支撑的作用。最长的那一根，甚至直接从三角架的一个顶点，连上了下面的这条边。

因为这根小柱子和钝角三角形底边是垂直的！

竖着的这根小柱子把这个钝角三角形分成了两个三角形，确切地说，是两个直角三角形。

这根小柱子正好压在了三角形里一条"隐形"的线段上。

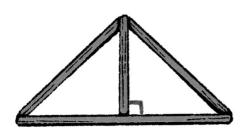

它就是三角形的一条**高**。

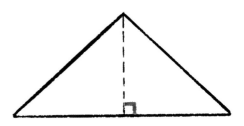

没错，就是我，我就是三角形的顶点到它正对着的那条边的垂线段！

三角形的身高就是高，就像你的身高一样。

想象这个三角形是一个小房子，我们在三角形上面开个门，你就可以站进去了。

我是"顶天立地"的英雄！

其实，三角形的三条边中，每一条边都能变成三角形的底。

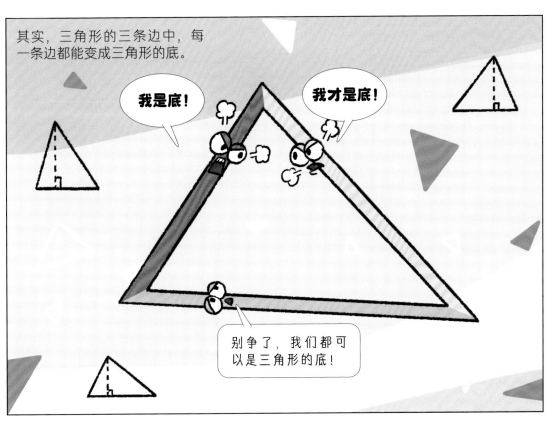

我是底！

我才是底！

别争了，我们都可以是三角形的底！

三角形的每条底上面，都有一条高，所以一个三角形可以有三条高呢。

可是我们只能看见三角形的三条底，因为它的三条高都藏起来了。那要怎样才能找到藏起来的高呢？

只要我们用上这个直角，三角形的高就无处可藏啦。

现在，我就是三角形的底边啦，你们要找的就是和我一组的高！

首先，我们把这个直角的一条边对准三角形的一条边。

然后，我们让三角板的另外一条直角边对准最上面的那个顶点，这样它就可以找到藏起来的高。

大家好，我就是这条底边上的高！

啪！！

用这样的方法，我们可以找到三角形里的三条高。

不过，不是所有三角形的高，都在它的里面。

角度影响了什么？

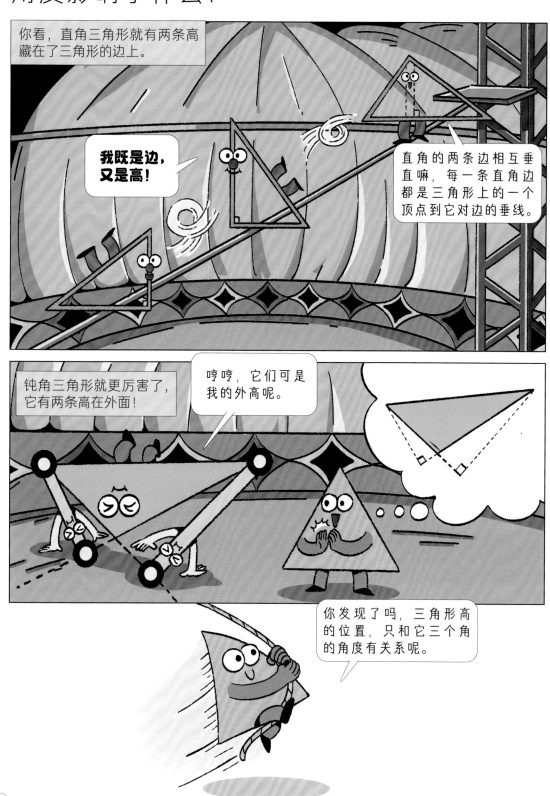

你看，直角三角形就有两条高藏在了三角形的边上。

我既是边，又是高！

直角的两条边相互垂直嘛，每一条直角边都是三角形上的一个顶点到它对边的垂线。

钝角三角形就更厉害了，它有两条高在外面！

哼哼，它们可是我的外高呢。

你发现了吗，三角形高的位置，只和它三个角的角度有关系呢。

也就是说，无论钝角三角形的边长怎么变，它始终有两条高在外面。

锐角三角形也是，哪怕它的三条边都一样长了，它的三条高也永远都在三角形里面呢。

无论直角三角形的边怎么变，它的两条高一直都在它的两条直角边上。

虽然高的位置和三角形的边长没有关系，但三角形里的角和边可是息息相关的哦。

息息相关的角和边

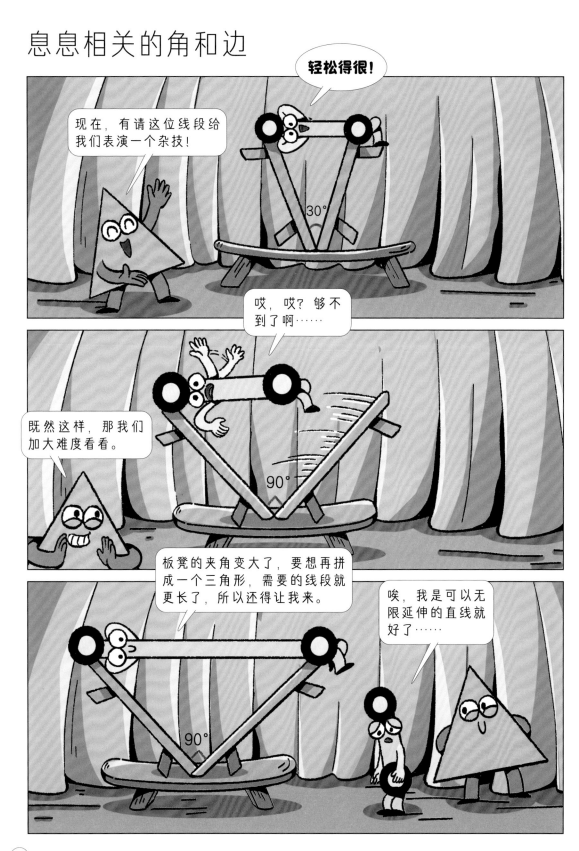

其实反过来也是一样的。你看衣架里面，最长的这条边，对着的就是那个最大的角。

一样长的两条边，对着的两个角也一样大啊。

所以在三角形中，角和边可是息息相关的，它们两个相互影响，谁都离不开对方。

我希望我身体里面最小的角的对边变得最长。

那你就不是三角形了！

三角形的另一张身份卡

每个三角形都有两张身份卡，一个代表它的"角"，一个代表它的"边"。

你的三个角分别是30°、60°、90°，是个直角三角形哦。

跟我来测量一下边长。

暂停

三条边分别是1.5厘米、2厘米、2.5厘米。

我们都是不等边三角形呢。

嘿嘿！

三条边都不一样长的三角形就是不等边三角形。不等边三角形的三个角也是不一样大的！

有两条边一样长的三角形，就会得到一张"等腰三角形"的身份卡。

等腰三角形相等的两条边，就是它的"腰"。你看，三明治上就有一个等腰三角形。

有一个直角的等腰三角形，就是等腰直角三角形，这个三角板就是个等腰直角三角形。

等腰三角形里，两个相等的角叫作底角。我们等腰直角三角形的底角都是45°。

三条边都相等的三角形就是等边三角形。垃圾分类的标志里面，可回收物的标志就是一个等边三角形。

马路上经常见到的警示标志里面也有等边三角形。

每个等边三角形都和我一样，三条边一样长。

而且，我的三条边一样长，三个角也都是一样大的60°，这是巧合吗？

对啦，每个等腰直角三角形的两个底角都是45°呢，这也是巧合吗？

三角形里没有巧合

其实，这些都不是巧合。
你看，每个三角形在拿到它的身份卡之后，都要进行一项体检，看看它是不是一个健康的三角形。

好了，下一个！

我们需要把你的三个角拼在一起检查一下。

我带了一个和我一样大的纸片三角形，可以撕下来拼一拼！

等边三角形的三个角拼在一起，正好是一个 180° 的平角呢。

180°

等腰直角三角形和最开始的那个小三角形也都是这样呢。

$45° +45° +90° =180°$

$30° +60° +90° =180°$

一切都来自生活

这位先贤就是泰勒斯，他是生活在两千多年前的古希腊的思想家和哲学家。

这六块地砖里的6个角，竟然可以填满这个区域，一条缝儿都没有，真美观啊。

相传，泰勒斯在用等边三角形的地砖装修房子时，发现了一个非常有趣的现象。

所以这6个角加起来就是360°。

6个一样大的角可以拼成360°，360°就是4个直角。

那3个一样大的角，就可以拼成2个直角。

等边三角形的三个角都一样大，每个地砖也都是一样大，那这岂不是说，6个一样大的角可以拼成360°吗？

这也就是说，等边三角形里的三个内角加起来就是2个直角那么大！

就这样，泰勒斯用拼图的方法，第一次发现了三角形的内角和是180°。

后来，古希腊的毕达哥拉斯、欧几里得等人，又通过几何知识对这个定理进行了验证。

任意一个三角形的内角和都是180°……

可以用平行去证明……

毕达哥拉斯

欧几里得

除了三角形的内角和以外，古今中外的很多很多和三角形有关的知识都是人们从生活中发现的。

股　弦

勾

勾三、股四、弦五……

然后，这些知识又被用回了人们的生活当中，方便着人们的生活。

注：尺，中国传统长度单位，1米等于3尺。

另外两条边分别是三尺和五尺，那这儿得加一根四尺长的木头，变成一个稳定的三角形结构！

概念收纳盒

平面图形：构成一个图形的所有的点都在同一个平面内，这个图形就是平面图形。

三角形：在同一个平面里，三条线段首尾相连组成的图形就是三角形。

三角形的高：三角形的一个顶点到它对边的垂线段就是三角形的高。

三角形的内角和：三角形三个内角之和，是 180°。

还记得之前说过的三角形的外角吗？三角形的外角就是三角形的一条边与另一条边的延长线所组成的夹角。你画画看，一个三角形有几个外角呢？

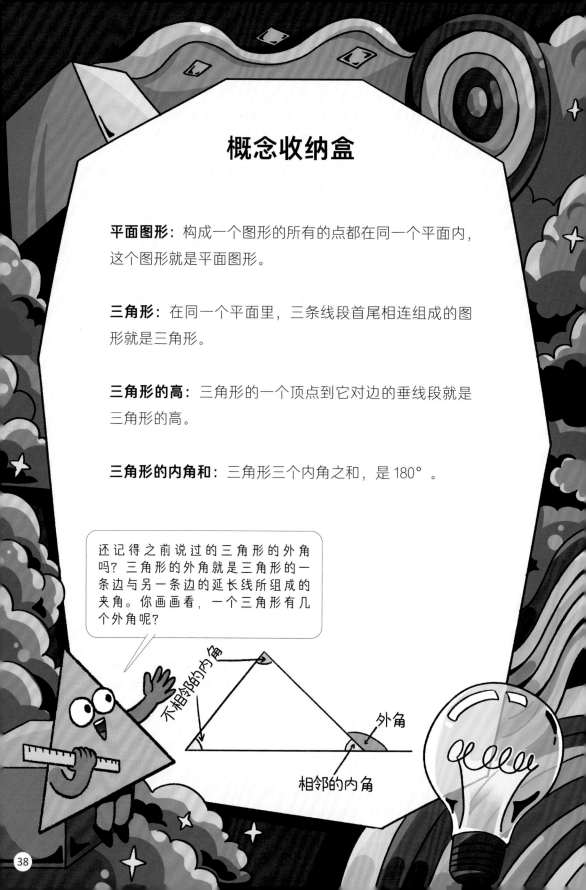

不相邻的内角

外角

相邻的内角

米莱童书

米莱童书 点亮孩子的未来

米莱童书是由国内多位资深童书编辑、插画家组成的原创童书研发平台。旗下作品曾获得 2019 年度"中国好书"，2019、2020 年度"桂冠童书"等荣誉；创作内容多次入选"原动力"中国原创动漫出版扶持计划。作为中国新闻出版业科技与标准重点实验室（跨领域综合方向）授牌的中国青少年科普内容研发与推广基地，米莱童书一贯致力于对传统童书进行内容和形式的升级迭代，开发一流原创童书作品，适应当代中国家庭的阅读与学习需求。

策　划　人： 刘润东

原创编辑： 韩茹冰

知识脚本作者： 于利 北京市海淀区北京理工大学附属小学数学老师，
34 年小学数学教学经验，海淀区优秀"四有"教师。

漫画绘制： Studio Yufo

装帧设计： 张立佳　刘雅宁　刘浩男　辛　洋　马司雯　朱梦笔

封面插画： 孙愚火

图书在版编目（CIP）数据

这就是几何：全9册 / 米莱童书著绘. —— 北京：
北京理工大学出版社, 2023.6（2024.2 重印）
ISBN 978-7-5763-2252-1

Ⅰ. ①这… Ⅱ. ①米… Ⅲ. ①几何 – 儿童读物 Ⅳ.
①O18-49

中国国家版本馆CIP数据核字(2023)第060192号

出版发行 / 北京理工大学出版社有限责任公司
社　　址 / 北京市丰台区四合庄路6号
邮　　编 / 100070
电　　话 / （010）82563891（童书出版中心）
网　　址 / http://www.bitpress.com.cn
经　　销 / 全国各地新华书店
印　　刷 / 北京尚唐印刷包装有限公司
开　　本 / 710毫米 × 1000毫米　1 / 16　　　　　责任编辑 / 陈莉华
印　　张 / 22.5　　　　　　　　　　　　　　　　吴　博
字　　数 / 540千字　　　　　　　　　　　　　　文案编辑 / 陈莉华
版　　次 / 2023年6月第1版　2024年2月第4次印刷　责任校对 / 刘亚男
定　　价 / 200.00元（全9册）　　　　　　　　　责任印制 / 王美丽

■米莱童书 著/绘

带你走进精彩的 几何世界

北京理工大学出版社
BEIJING INSTITUTE OF TECHNOLOGY PRESS

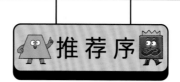

40 岁的柏拉图在雅典创立了柏拉图学园，学园的大门上写下了"不懂几何者不得入内"的标语。这是为什么呢？这要从几何说起了，几何来源于生活，历史悠久。原始人为了生存，认识了猎物的形状、大小、位置等与几何相关的知识。后来，几何被用在了建筑、测绘以及各种工艺制作中，中国在公元前 13、14 世纪就已经有了"规""矩"这种用于测量的工具，古埃及人也发明了测定土地界线的"测地术"。到了现在，几何已经发展成了一门研究空间结构和性质的学科，同时也成了训练抽象思维能力、空间想象能力和逻辑推理能力的最有效的工具。

作为数学最基本的研究内容之一，几何中的定义和概念都是从人们的实际生活中抽象出来的。在系统地学习几何的过程中，小朋友会经历从实际生活中抽象出几何图形的过程以及将抽象图形具象为实际物体的过程，空间观念和想象能力得以随之发展。另外，通过对几何公理的推理和演绎，小朋友的逻辑推理能力也将得到提升。毫不夸张地说，几何可以为万物赋能。几何中涵盖着艺术的美感，许多包括绘画、建筑设计在内的工作都要求具备几何基础知识；同时，几何也能为绘图、天体观测等测绘行业提供帮助；几何成像技术的发展为医学、人工智能、软件开发等信息领域行业提供了更广阔的前景。了解几何、感悟几何，可以为孩子的未来职业发展奠定良好的基础。

就像柏拉图学园要求"不懂几何者不得入内"一样，几何在我们生活中的作用是不可取代的。基于这样的事实和需求，《这就是几何》聚焦于平面图形、立体图形、图形的位置和运动、几何直观等几何中的主题和要素，深入浅出地讲解几何知识，以引导孩子发现几何的奥妙。同时，书中渗透了历史、文化等方面的内容，满足孩子对综合知识的摄取，让几何在孩子眼中的形象变得更加丰满、有趣。

希望这本书能够成为孩子们几何学习道路上的助力器，学好几何、用好几何。

中国科学院院士、数学家、计算数学专家

郭柏灵

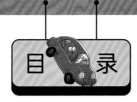

目 录

我们是个大家族

夜晚的天空中有很多星星，你能在星星中，发现我们的身影。

大大的城市里，我们藏在各种高楼大厦中。

你在小区里，也能找到我们家族的成员。

我们还和你生活在一起。

四边形是一种平面图形，它有首尾相连的四条边。我们把三角形掰开，再给它加一条边，它就变成了一个四边形。

好大的风！

四边形的四条边，一定要首尾相连连在一起哦。

像个梯子一样

四边形中，有的图形和平行是好朋友，你看，这个图形有一组对边就是相互平行的。

对边就是相对着的两条边，就像是河流的两岸。

只有一组对边平行的四边形，就是梯形，它们是一个小家族。家族里，每个梯形都有一组相互平行的对边。

这一组相互平行的对边，就是梯形的底边，每个梯形都有两条底边。梯形里还有两条不平行的边，这两条边就是梯形的"腰"。

妈妈说小孩子没有腰……

我们梯形也是有腰的！

底边

腰

腰

底边

当两条腰一样长时

梯子两边竖起来的长杆其实是一样长的。梯子的长杆就像是梯形的腰,当梯形的两条腰一样长时,它就是一个等腰梯形了。

等腰梯形就像这个屋顶一样,充满了对称美。

我是等腰梯形,我的两条腰是一样长的呢。

你知道什么是对称美吗?别着急,之后我们会讲到的!

等腰梯形除了它的腰以外，它的角也很特殊呢。

梯形和所有的四边形一样，都有四个角。梯形的四个角就是它的"底角"。

上底角　上底角
下底角　下底角

挨着上底的两个角叫"上底角"，挨着下底的两个角就叫"下底角"。

就像等腰三角形一样，等腰梯形的底角也是一样大的，两个上底角一样大，两个下底角也一样大。

我们的名字很像呢！

等腰梯形有两条一样长的边，还有两对一样大的角，如果我们把它对折一下……

喜欢直角的梯形

我们把等腰梯形对折之后，两边就重叠在一起了，这其实也是个梯形呢。

这样的梯形就是有两个直角的直角梯形。
运动场上，足球门的侧面就是直角梯形。

这样的球门稳固又美观。

梯形就是四边形家族中的一个比较特殊的小家族，每年它们都会派出一个梯形去参加评选，评委会也总会对它们青睐有加。

不过，梯形还不能算是最特殊的四边形。

更多更多的"平行"

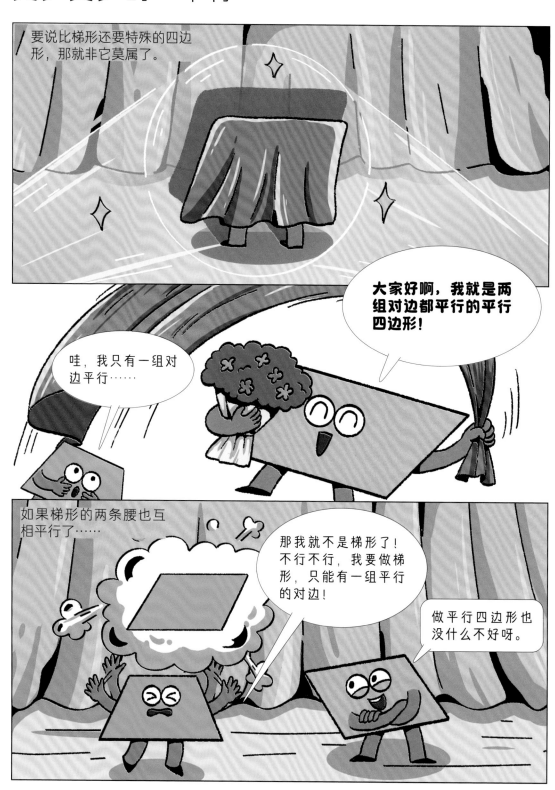

要说比梯形还要特殊的四边形，那就非它莫属了。

大家好啊，我就是两组对边都平行的平行四边形！

哇，我只有一组对边平行……

如果梯形的两条腰也互相平行了……

那我就不是梯形了！不行不行，我要做梯形，只能有一组平行的对边！

做平行四边形也没什么不好呀。

平行四边形的两组对边都是平行的，可是，光是平行可不行，如果有一条边突然变长了，它就不是平行四边形了。

咔嚓!!

哇，这回我总算是平行四边形了吧！

没错没错，恭喜你哦。

那是当然，我们可是有大本领的！

平行四边形的两组对边既要平行，也要相等，这让你们变得更特殊了吗？

学会了七十二变

对边平行且相等的平行四边形，学会了梯形没有的本领——

变变变！

因为平行四边形是一种易变的图形，它和三角形正好相反，具有不稳定性。

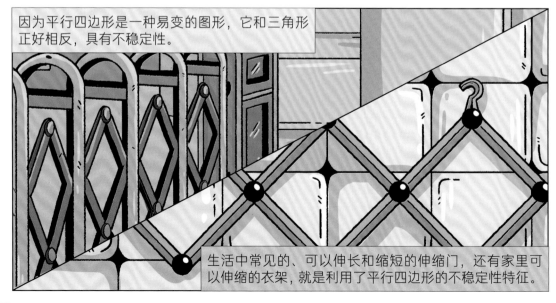

生活中常见的、可以伸长和缩短的伸缩门，还有家里可以伸缩的衣架，就是利用了平行四边形的不稳定性特征。

四个角都是直角

平行四边形也是一个大家族，家族里有一种内角是直角的平行四边形，它就是长方形。

长方形还有另外一个名字，叫矩形，它有四个直角，每两条挨在一起的边都是互相垂直的。你的课桌桌面就是一个长方形，课桌上的课本也是一个长方形。你看，它们是不是都有四个直角？

四个直角组合起来，其实是一个 360° 的周角，所以长方形的内角和就是 360°。

其实，不只是长方形，所有四边形的内角和都是一样的。

还记得三角形吗，它的内角和是 180°。所有的四边形又能被分成两个三角形，所以所有四边形的内角和都是 360°！

这条把四边形分成两个三角形的线，就叫对角线，每个四边形都有两条对角线。

有用的对角线

或许你不知道，但是你经常在生活中"见"过长方形的对角线。

42 英寸
106.68 厘米

我们会用对角线来表达电视的大小，42 英寸的电视，其实指的就是这个电视的对角线的长度是 42 英寸，但是中国的第一台电视机的屏幕只有 14 英寸 *。

注：英寸，是英美制长度单位，1 英寸等于 2.54 厘米。

长方形的对角线还有其他用途，比如在拍照的时候，你就可以用到它。

拍照时，有一种构图方法就叫作"对角线构图"。这张照片看起来是不是比旁边的那张更富有美感？

长方形的对角线可是一个实用派呢，长方形自己也是。看看你的身边，是不是很多东西都是长方形的？

虽然长方形是一种特殊的平行四边形，可它却不是最美观的那个。走，和我一起去见见最美观的平行四边形吧！

爱美的菱形

这个图形有着很长很长的"爱美"历史，你看，早在四五千年前，马家窑文化的彩陶上就有它的存在了。

彩陶漩涡菱形几何纹双系壶

汉族传统纹样——方胜纹，也用了这个图形，这种纹样在美观的同时，还有着同心同德、延续不断的寓意。

设计和艺术中也经常会用到这个图形。你看，贝聿铭先生设计的巴黎卢浮宫的玻璃金字塔中就用到了它。

这个图形就是菱形。

我是一种特殊的平行四边形，四条边都一样长！

沿着对角线折叠一下，菱形就变成了一个等腰三角形。

好 牛！厉害！漂亮！

菱形沿着它的任意一条对角线折叠，都可以做到这样呢。

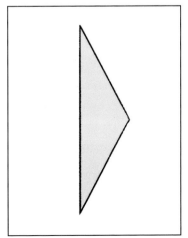

让我们把菱形的两条对角线找出来，这两条对角线相交在一起，它们都是对方的垂线。

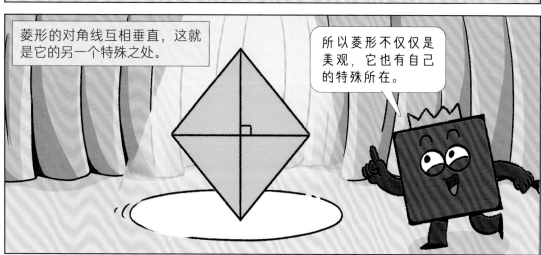

菱形的对角线互相垂直，这就是它的另一个特殊之处。

所以菱形不仅仅是美观，它也有自己的特殊所在。

可是，菱形并不是最特殊的图形，那谁才是呢？

我有四个直角啊。

我的四条边一样长！

我的两组对边平行又相等呢。

我就是最特殊的那个!

正式向大家介绍一下我自己,我叫正方形,是最特殊的四边形!

正方形和平行四边形一样,两组对边分别平行且相等。当一个平行四边形的四个角都变成直角、四条边都变得一样长之后,它就是一个正方形了。

得把它这两条边截短一点,四条边才一样长!

得让它的四个角变成直角啊……

当当当!

正方形还和长方形一样，四个角都是直角，所以它也是一个特殊的长方形。

把我压扁一点，四条边一样长了，我就是一个正方形了……

所有的正方形都是长方形，但并不是所有的长方形都是正方形。

集齐了这么多特殊之处的正方形，理所当然地成了四边形家族的明星。

在生活中，正方形也是兼顾了美观和实用。你看，家里是不是就有很多正方形?

大家折纸的时候，用得最多的、最基础的也都是正方形的纸张。

你或许想不到，随便画一个正
方形都可能成为一件艺术品。
卡西米尔·马列维奇的《白底
上的黑色方块》就是一幅非常
著名的画作。

我可太特殊了！

《白底上的黑色方块》
卡西米尔·马列维奇

虽然我们正方形如此与众不同，但是我们仍是四边形家族的一员。

每一个四边形都是特殊的，它们可能有着特殊的角，可能有着特殊的边。

只不过，一些四边形被选了出来，赋予了新的名字，但是大家都是四边形家族的一员。

像一棵大树一样

四边形家族就像一棵大树，每一个四边形都是这棵大树上的树叶。

就像你和爸爸妈妈组成了一个小家一样，我们四边形这个大家族里也有很多的小家。

谁和我是一家人呢？

咱们两个是一家人，你看，我们都有四个直角！

我们才是一家人，我们的四条边都一样长。

好了好了，不要争啦！

平行四边形和梯形这两个小家族，和其他所有的四边形一起，组成了四边形家族的这棵大树。

哪里还有四边形呢？四边形还有什么用呢？这就要靠你了，变成画家、建筑师，变成你想做的任何人，去找到藏起来的四边形，去看看它们还有什么独特之处，然后让它们散发出最耀眼的光芒。

概念收纳盒

平面四边形： 在一个平面里，四条线段首尾相连组成的封闭图形就是平面四边形。

梯形： 只有一组对边平行的四边形就是梯形。平行的两条边叫作梯形的底边，不平行的两条边叫作腰。

平行四边形： 两组对边分别平行的四边形就是平行四边形。

长方形： 四个角都是直角的四边形就是长方形，也叫矩形。

菱形： 四条边都相等的平行四边形就是菱形。

正方形： 四个角都是直角且四条边都相等的四边形就是正方形。

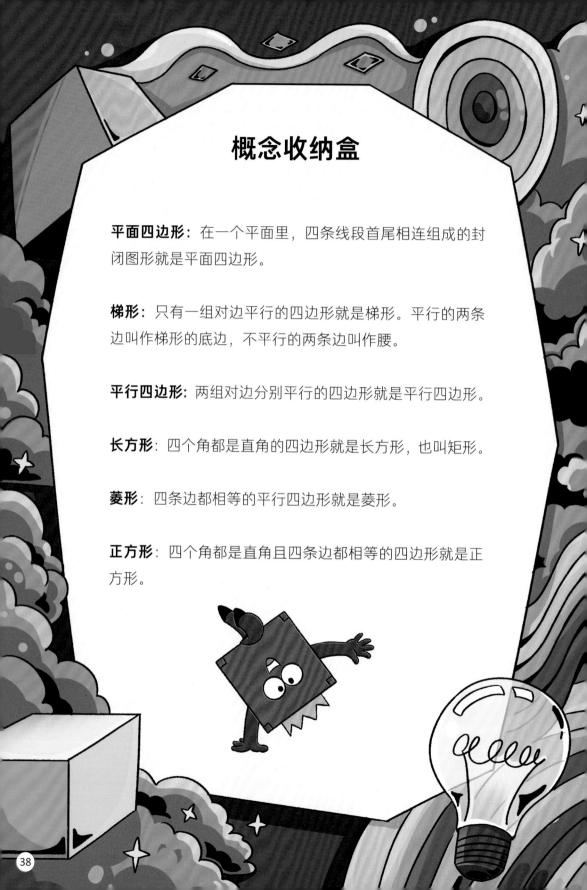

米莱童书

米莱童书

米莱童书是由国内多位资深童书编辑、插画家组成的原创童书研发平台。旗下作品曾获得 2019 年度"中国好书"，2019、2020 年度"桂冠童书"等荣誉；创作内容多次入选"原动力"中国原创动漫出版扶持计划。作为中国新闻出版业科技与标准重点实验室（跨领域综合方向）授牌的中国青少年科普内容研发与推广基地，米莱童书一贯致力于对传统童书进行内容和形式的升级迭代，开发一流原创童书作品，适应当代中国家庭的阅读与学习需求。

策 划 人： 刘润东

原创编辑： 韩茹冰

知识脚本作者： 于利 北京市海淀区北京理工大学附属小学数学老师，
34 年小学数学教学经验，海淀区优秀"四有"教师。

漫画绘制： Studio Yufo

装帧设计： 张立佳　刘雅宁　刘浩男　辛　洋　马司雯　朱梦笔

封面插画： 孙愚火

图书在版编目（CIP）数据

这就是几何 : 全9册 / 米莱童书著绘. -- 北京 :
北京理工大学出版社, 2023.6（2024.2 重印）
ISBN 978-7-5763-2252-1

Ⅰ. ①这… Ⅱ. ①米… Ⅲ. ①几何 – 儿童读物 Ⅳ.
①O18-49

中国国家版本馆CIP数据核字(2023)第060192号

出版发行 / 北京理工大学出版社有限责任公司
社　　址 / 北京市丰台区四合庄路6号
邮　　编 / 100070
电　　话 / （010）82563891（童书出版中心）
网　　址 / http://www.bitpress.com.cn
经　　销 / 全国各地新华书店
印　　刷 / 北京尚唐印刷包装有限公司
开　　本 / 710毫米×1000毫米　1 / 16
印　　张 / 22.5
字　　数 / 540千字
版　　次 / 2023年6月第1版　2024年2月第4次印刷
定　　价 / 200.00元（全9册）

责任编辑 / 陈莉华
　　　　　　吴　博
文案编辑 / 陈莉华
责任校对 / 刘亚男
责任印制 / 王美丽

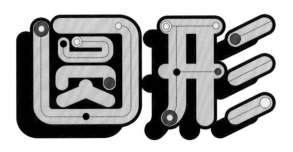

■米莱童书 著/绘

带你走进精彩的
几何世界

北京理工大学出版社
BEIJING INSTITUTE OF TECHNOLOGY PRESS

推荐序

　　40 岁的柏拉图在雅典创立了柏拉图学园，学园的大门上写下了"不懂几何者不得入内"的标语。这是为什么呢？这要从几何说起了，几何来源于生活，历史悠久。原始人为了生存，认识了猎物的形状、大小、位置等与几何相关的知识。后来，几何被用在了建筑、测绘以及各种工艺制作中，中国在公元前 13、14 世纪就已经有了"规""矩"这种用于测量的工具，古埃及人也发明了测定土地界线的"测地术"。到了现在，几何已经发展成了一门研究空间结构和性质的学科，同时也成了训练抽象思维能力、空间想象能力和逻辑推理能力的最有效的工具。

　　作为数学最基本的研究内容之一，几何中的定义和概念都是从人们的实际生活中抽象出来的。在系统地学习几何的过程中，小朋友会经历从实际生活中抽象出几何图形的过程以及将抽象图形具象为实际物体的过程，空间观念和想象能力得以随之发展。另外，通过对几何公理的推理和演绎，小朋友的逻辑推理能力也将得到提升。毫不夸张地说，几何可以为万物赋能。几何中涵盖着艺术的美感，许多包括绘画、建筑设计在内的工作都要求具备几何基础知识；同时，几何也能为绘图、天体观测等测绘行业提供帮助；几何成像技术的发展为医学、人工智能、软件开发等信息领域行业提供了更广阔的前景。了解几何、感悟几何，可以为孩子的未来职业发展奠定良好的基础。

　　就像柏拉图学园要求"不懂几何者不得入内"一样，几何在我们生活中的作用是不可取代的。基于这样的事实和需求，《这就是几何》聚焦于平面图形、立体图形、图形的位置和运动、几何直观等几何中的主题和要素，深入浅出地讲解几何知识，以引导孩子发现几何的奥妙。同时，书中渗透了历史、文化等方面的内容，满足孩子对综合知识的摄取，让几何在孩子眼中的形象变得更加丰满、有趣。

　　希望这本书能够成为孩子们几何学习道路上的助力器，学好几何、用好几何。

中国科学院院士、数学家、计算数学专家

郭柏灵

目　录

弯弯曲曲的曲线图形

飞机拉着弯弯曲曲的线在天上飞着，我就藏在这条线里。

嗨，我是曲线段，我在你的世界随处可见，不信跟我来。

蜿蜒的河流奔腾着前进，我就藏在河流中。

河流汇入湖泊，我就藏在湖岸边。

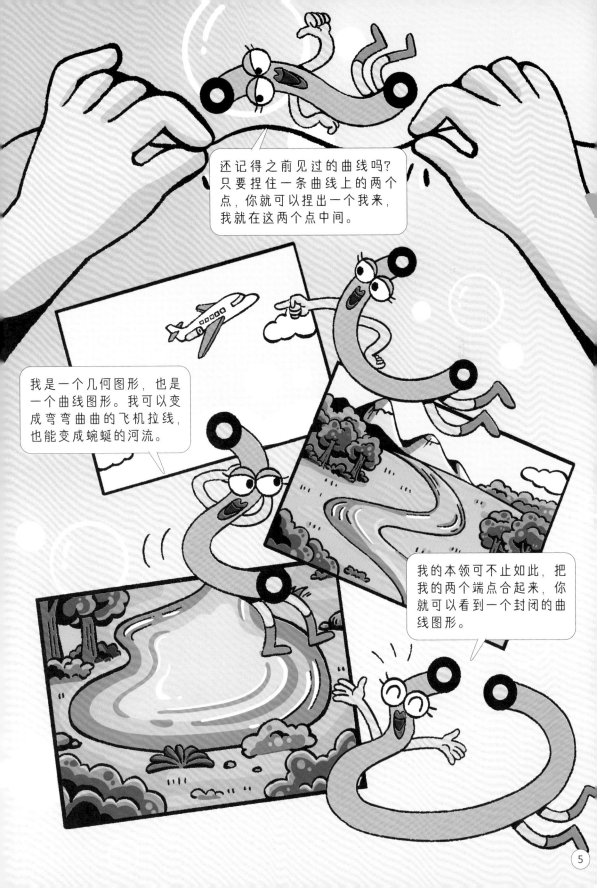

封闭图形就是一个闭合着的图形，非封闭图形就是有开口的图形。

封闭图形

非封闭图形

成语故事"亡羊补牢"中修补羊圈，就是要把羊圈从一个非封闭图形修补成一个封闭图形，这样羊就不会跑出去了。

围着湖泊的湖岸就是一个封闭的曲线图形。看，是不是和我现在一个模样？

神奇的圆在身边

设计你的摩天轮图纸

果然，徒手画圆好像有点难啊……

说起来徒手画圆，谁都比不过他们！数学老师可是徒手画圆的大师呢！

你发现了吗，他们在画圆的时候，要么大拇指按住一个点不动，要么肩膀的位置一动不动，这是为什么呢?

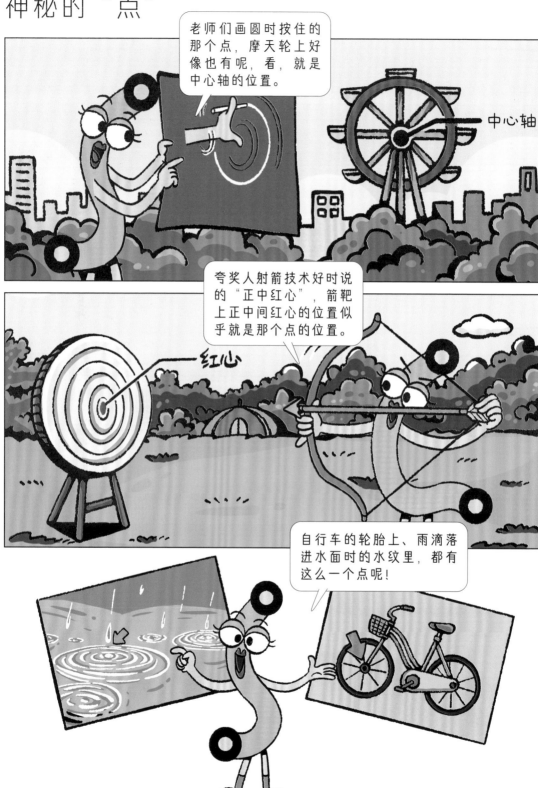

保持平衡！

我突然有了一个好办法，我们来一起做一个实验吧！

如果你用手指顶住一本书上的一个点，这本书可以保持平衡的话，那么这个点就是这本书的重心。

重心

那如果我们顶住圆形上面的那个点会怎么样呢？

飞镖盘保持住平衡啦！

无数条折痕，无数条直径

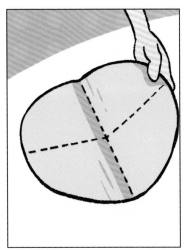

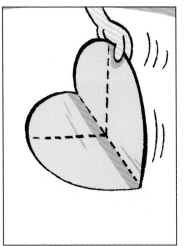

你看，这条线两边的部分果然重叠在一起了！

其实，这种折痕就是圆形的直径，是圆形里面最长的线段。

直径

我们可以把圆在任意位置对折，这样就有好几条折痕。事实上，你可以折无数条折痕。

折痕的交点就是直径的交点，这个点就是圆形的重心，也是圆形最中间的位置，它还有另外一个名字，叫作"圆心"。

圆心

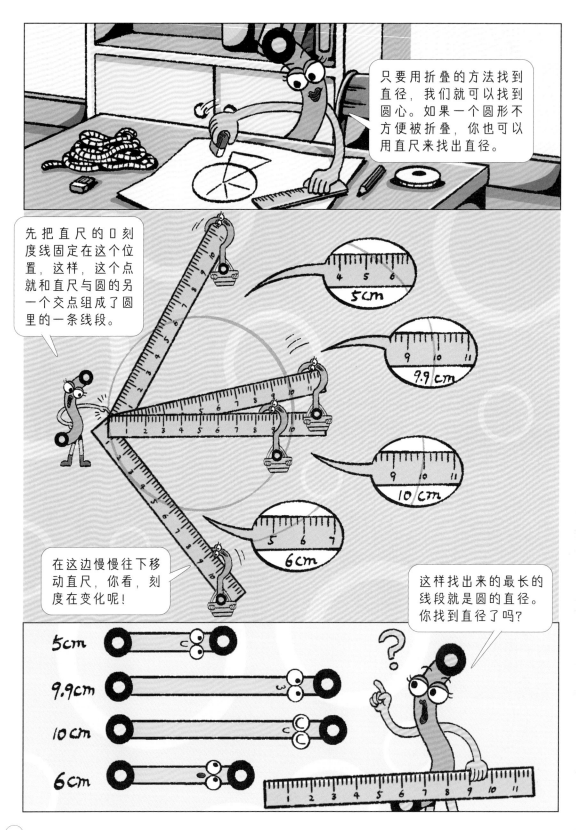

只要用折叠的方法找到直径，我们就可以找到圆心。如果一个圆形不方便被折叠，你也可以用直尺来找出直径。

先把直尺的0刻度线固定在这个位置，这样，这个点就和直尺与圆的另一个交点组成了圆里的一条线段。

5cm

9.9cm

10cm

6cm

在这边慢慢往下移动直尺，你看，刻度在变化呢！

这样找出来的最长的线段就是圆的直径。你找到直径了吗？

5cm

9.9cm

10cm

6cm

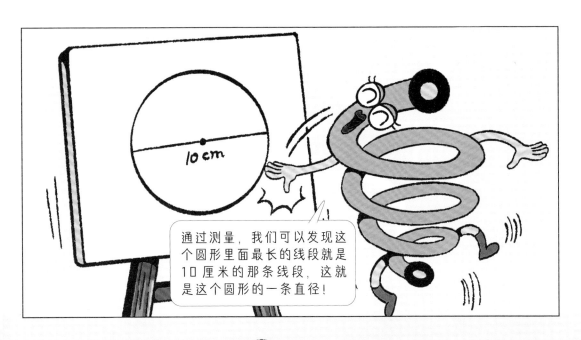

通过测量，我们可以发现这个圆形里面最长的线段就是10厘米的那条线段，这就是这个圆形的一条直径！

按照同样的方法再找出来一条直径，我们就可以找到这个圆形的圆心，圆心就是摩天轮中心轴的位置。看，我们的摩天轮已经有了轮廓啦！

半径"来帮忙"

现在，我们可以设计摩天轮的"骨架"部分了，就是从中心轴出发，连接着整个转盘的那些支撑梁。

只要有我们在，圆就不会变形！

我们在图纸上连接圆心和圆周上的一个点，这条线段就是支撑梁所在的位置。

5 cm

我来啦！

4 cm

3 cm

6 cm

?!

哎呀！

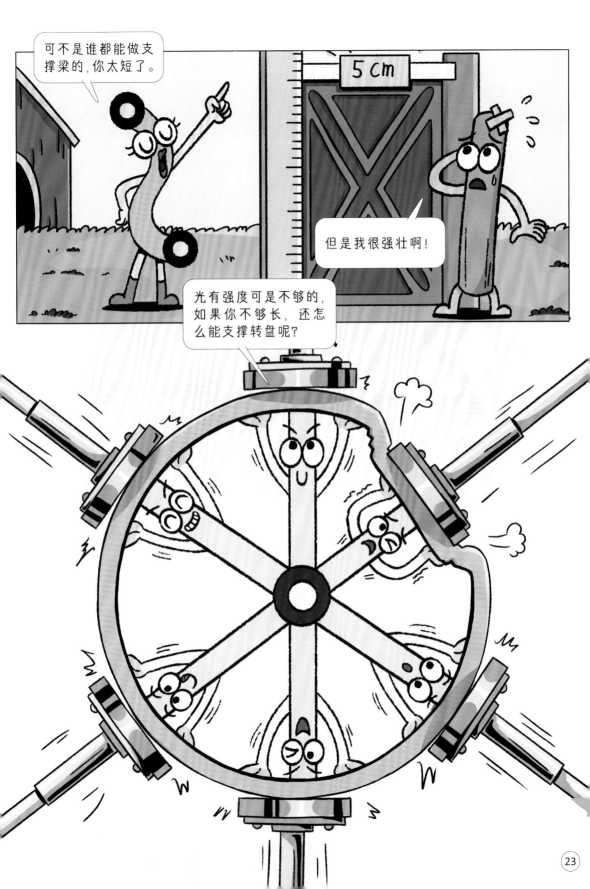

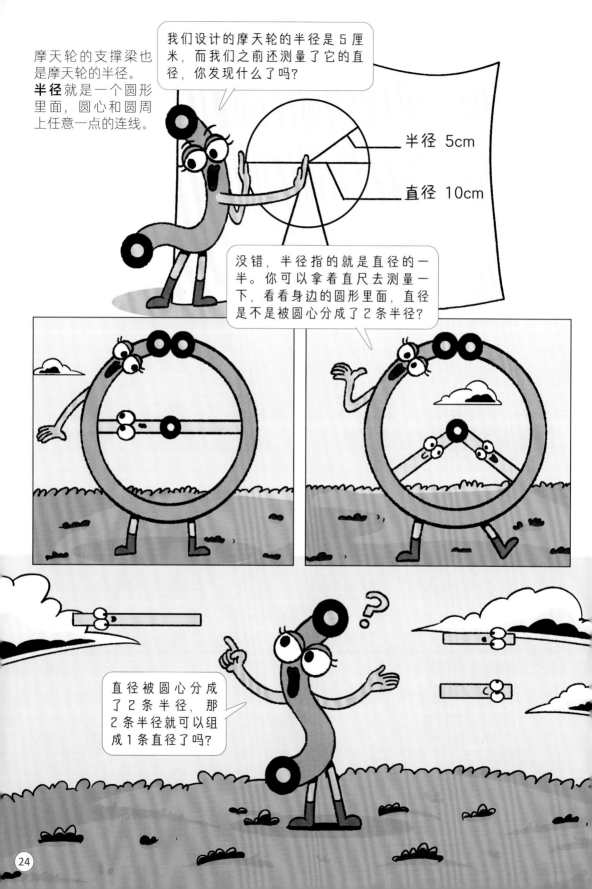

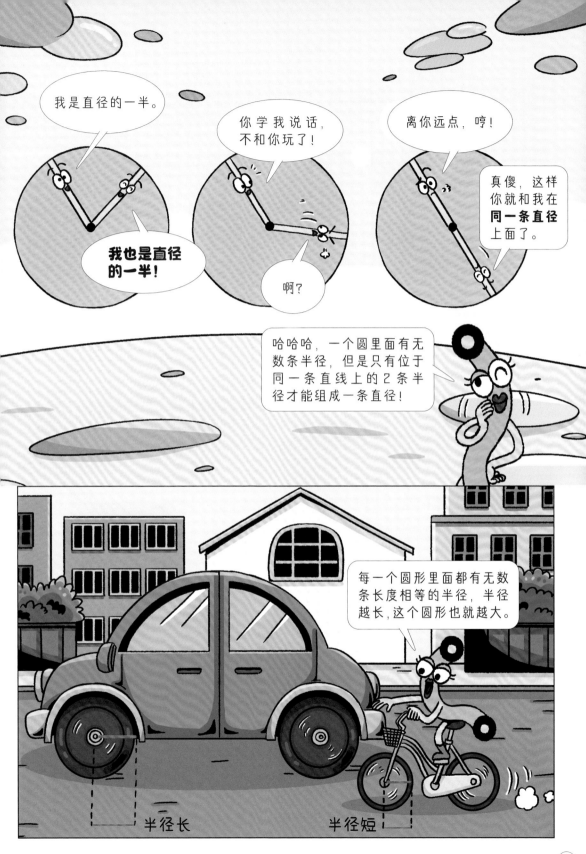

正是因为轮胎车轴和地面永远保持恒定的距离，这样你坐在汽车里才不会有颠簸的感觉。

车轴

轮胎半径

如果换成了正方形的轮胎……

救命啊！！

太颠簸了！

"测量"摩天轮

圆周率也有"历史"

早在两千多年前，中国最古老的数学著作《周髀（bì）算经》中就已经记载了"周三径一"的说法。

"周三径一"的意思，就是说圆形的周长是直径的3倍，这个是古代关于圆周率不精确的估算。

直径应该是周长的三分之一啊，怎么会长呢……

几百年后，到了王莽做皇帝的新朝，为了进行度量衡改革，王莽要求天文历法家刘歆铸造了一个标准量器。根据量器里的铭文计算，大家知道了刘歆用的圆周率是3.1457，世称"刘歆率"。

这个量器的开口是一个圆形呢！

刘歆

新莽铜嘉量

后来，祖冲之和他的儿子祖暅继续用割圆法推算圆周率。祖冲之父子二人在一个圆形里面摆了一个正24576边形，没错，就是有两万四千五百七十六条边的多边形，是不是难以想象？

那个时候，还没有算盘，他们只能用小棍摆出来一个又一个的数字。他们经过了夜以继日的计算，终于推算出来圆周率的近似值，在3.1415926到3.1415927之间，这个足足比西方早了一千多年呢。

慢慢地，人们推算出了越来越精准的圆周率。但是"π"这个名字，却是西方人率先使用的。

欧拉

为了简洁起见，我们将半径为1的圆周长的一半写为 π……

据说在 1706 年，一位名叫威廉·琼斯的英国人使用了 π 这个符号来代表圆周率，后来在数学大师欧拉的倡导下，π 就成了圆周率的代号。

我们再也不需要用很长很长的绳子把圆围起来去测量圆形的周长了。

圆的周长 = π d

直径 d

圆周率还可以被用来测试电脑运行速度呢，比如你可以命令电脑计算圆周率小数点后的 5000 位，用的时间越短，说明电脑运行速度越快。

概念收纳盒

圆形：在同一平面内到定点的距离等于定长的点的集合叫作圆。

圆心：即圆的中心。圆心到圆上任意一点的距离都相等。

半径：连接圆心和圆上任意一点的线段就是半径。

直径：通过圆心并且两端都在圆上的线段叫作直径。

圆周率：用符号 π 代表，是圆形的周长和直径的比值，是一个无限不循环小数。

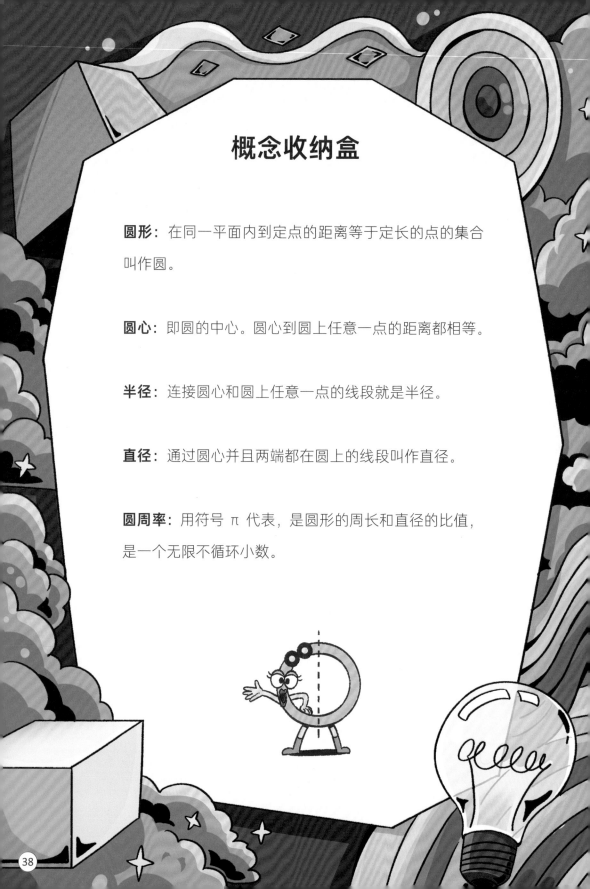

米莱童书

米莱童书

米莱童书是由国内多位资深童书编辑、插画家组成的原创童书研发平台。旗下作品曾获得 2019 年度"中国好书", 2019、2020 年度"桂冠童书"等荣誉；创作内容多次入选"原动力"中国原创动漫出版扶持计划。作为中国新闻出版业科技与标准重点实验室（跨领域综合方向）授牌的中国青少年科普内容研发与推广基地，米莱童书一贯致力于对传统童书进行内容和形式的升级迭代，开发一流原创童书作品，适应当代中国家庭的阅读与学习需求。

策 划 人： 刘润东

原创编辑： 韩茹冰

知识脚本作者： 于利 北京市海淀区北京理工大学附属小学数学老师，
34 年小学数学教学经验，海淀区优秀"四有"教师。

漫画绘制： Studio Yufo

装帧设计： 张立佳　刘雅宁　刘浩男　辛 洋　马司雯　朱梦笔

封面插画： 孙愚火

图书在版编目（CIP）数据

这就是几何：全9册／米莱童书著绘. —— 北京：
北京理工大学出版社, 2023.6（2024.2 重印）
　ISBN 978-7-5763-2252-1

　Ⅰ.①这… Ⅱ.①米… Ⅲ.①几何 - 儿童读物 Ⅳ.
①O18-49

中国国家版本馆CIP数据核字(2023)第060192号

出版发行／北京理工大学出版社有限责任公司
社　　址／北京市丰台区四合庄路6号
邮　　编／100070
电　　话／（010）82563891（童书出版中心）
网　　址／http://www.bitpress.com.cn
经　　销／全国各地新华书店
印　　刷／北京尚唐印刷包装有限公司
开　　本／710毫米×1000毫米　1／16
印　　张／22.5
字　　数／540千字
版　　次／2023年6月第1版　2024年2月第4次印刷
定　　价／200.00元（全9册）

责任编辑／陈莉华
　　　　　吴　博
文案编辑／陈莉华
责任校对／刘亚男
责任印制／王美丽

图书出现印装质量问题，请拨打售后服务热线，本社负责调换

THAT'S GEOMETRY

■米莱童书 著/绘

带你走进精彩的
几何世界

北京理工大学出版社
BEIJING INSTITUTE OF TECHNOLOGY PRESS

推荐序

　　40 岁的柏拉图在雅典创立了柏拉图学园，学园的大门上写下了"不懂几何者不得入内"的标语。这是为什么呢？这要从几何说起了，几何来源于生活，历史悠久。原始人为了生存，认识了猎物的形状、大小、位置等与几何相关的知识。后来，几何被用在了建筑、测绘以及各种工艺制作中，中国在公元前 13、14 世纪就已经有了"规""矩"这种用于测量的工具，古埃及人也发明了测定土地界线的"测地术"。到了现在，几何已经发展成了一门研究空间结构和性质的学科，同时也成了训练抽象思维能力、空间想象能力和逻辑推理能力的最有效的工具。

　　作为数学最基本的研究内容之一，几何中的定义和概念都是从人们的实际生活中抽象出来的。在系统地学习几何的过程中，小朋友会经历从实际生活中抽象出几何图形的过程以及将抽象图形具象为实际物体的过程，空间观念和想象能力得以随之发展。另外，通过对几何公理的推理和演绎，小朋友的逻辑推理能力也将得到提升。毫不夸张地说，几何可以为万物赋能。几何中涵盖着艺术的美感，许多包括绘画、建筑设计在内的工作都要求具备几何基础知识；同时，几何也能为绘图、天体观测等测绘行业提供帮助；几何成像技术的发展为医学、人工智能、软件开发等信息领域行业提供了更广阔的前景。了解几何、感悟几何，可以为孩子的未来职业发展奠定良好的基础。

　　就像柏拉图学园要求"不懂几何者不得入内"一样，几何在我们生活中的作用是不可取代的。基于这样的事实和需求，《这就是几何》聚焦于平面图形、立体图形、图形的位置和运动、几何直观等几何中的主题和要素，深入浅出地讲解几何知识，以引导孩子发现几何的奥妙。同时，书中渗透了历史、文化等方面的内容，满足孩子对综合知识的摄取，让几何在孩子眼中的形象变得更加丰满、有趣。

　　希望这本书能够成为孩子们几何学习道路上的助力器，学好几何、用好几何。

中国科学院院士、数学家、计算数学专家

郭柏灵

目 录

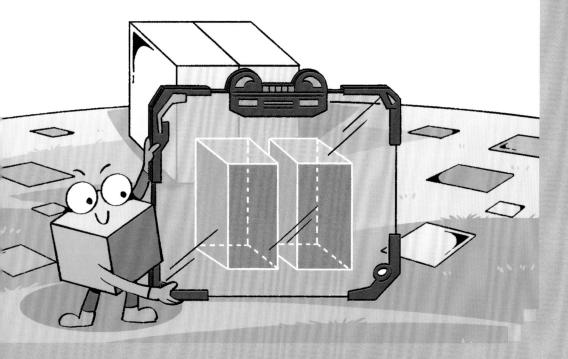

摸不到的空间

当你睁开眼睛，第一次看到这个世界时，你会看到爸爸妈妈兴奋的脸庞。

当你蹒跚学步，走进美丽的大自然时，你会看到茂密的树林和跑来跑去的小动物。

当你走进学校，坐在课桌前，你就能拥有好看的铅笔盒，能收到很多书本。

在你的世界里、你的生活中出现的所有东西，你都可以摸到它们，它们全都占据着空间。

什么是空间呢？空间就在你的周围，玻璃杯里就有一个空间。现在
只有半杯果汁，这里面的果汁就占据了玻璃杯里一半的空间。

因为玻璃杯里还有多余的空间，
所以你还可以往里面倒果汁。

但是一定要注意，玻
璃杯倒满果汁之后，
就没有多余的空间
了。如果再倒入果
汁，就会溢出来。

这个牛奶箱里只能装下 12 盒牛奶，这 12 盒牛奶就占据了牛奶箱的空间。

如果你想要多塞 1 盒牛奶进去，这个牛奶箱就会被撑坏。

玩具箱里只能放得下这么多玩具，这些玩具就占据了玩具箱里的空间。

你能够触碰到的、占据了空间的图形，就是立体图形。

你好啊！我是正方体，是一个立体图形！

现在我们就一起去看看这个世界里的立体图形吧！

摸得到的立体图形

我们生活的世界，是立体图形的世界。
你站在阳光下，映在地面上的影子是平面图形，而你自己是一个立体图形。

想想看，照镜子的时候，左右摆摆头是不是可以看见自己不同的侧脸？

从正面看到的样子，和从背面看到的背影，是不是也不一样？

其实，从不同的位置观察，才能更全面地认识一个物体，才能看到一个立体图形的全貌，所有的立体图形都是这样的。

你可以把平放着的硬纸板看成平面图形，但是如果用硬纸板折成一个牛奶箱，这个牛奶箱就是一个立体图形。

从我这个角度看，这个牛奶箱是这样的，我画得不错吧。从你那里看到的是什么样子的呢？

方方正正的正方体

魔方并不是最特殊的那一个，其实所有的正方体都有6个面，每个面都是正方形！

许多立体图形都是由平面图形围成的，正方体就是其中一种。
正方体是由6个完全相同的正方形围成的立体图形。

这样看是不是不够明显？那就和我一起，拆开一个正方体看看吧！

豆腐

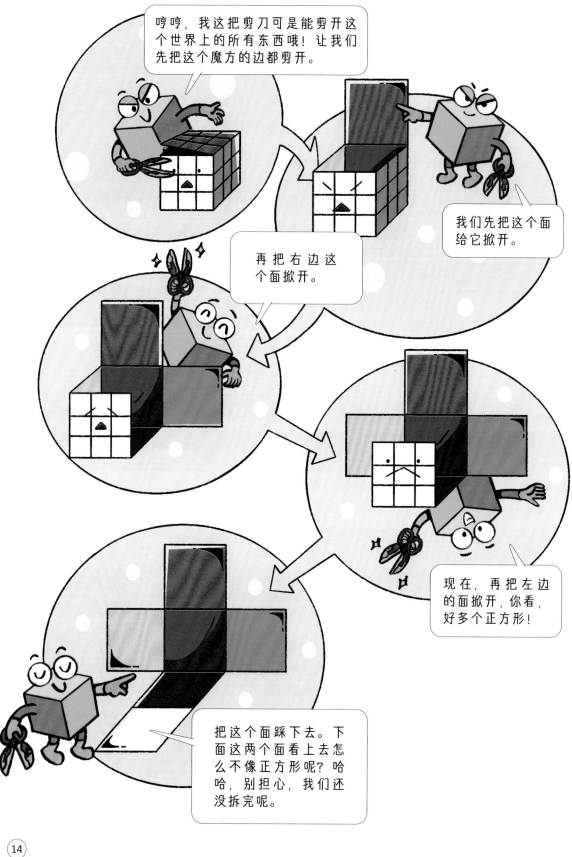

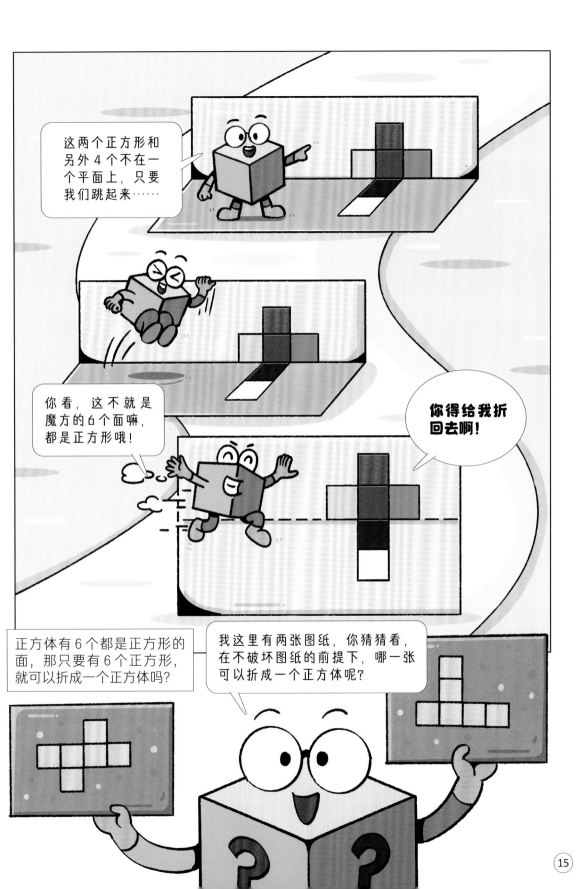

正方体搭积木

其实，就算不用正方形，用普通的积木条，我们也可以搭出来一个正方体的框架。

我们先用4根相同颜色的积木条拼一个正方形出来，每条积木的连接处得用我的万能胶水给它粘起来。

当你把一个正方形平放在桌面上时，坐在桌边看它，你会发现这个正方形"变歪了"。其实这是视角问题啦，正方形并没有改变。

如果真的把正方形拼歪了，就搭不出一个正方体框架了。

切出一个长方体

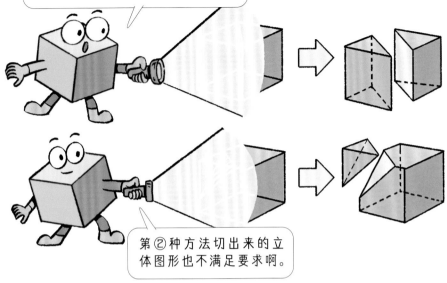

揭晓答案的时刻到啦！第①种方法可以把正方体豆腐切成两块一样大的豆腐，但是你数一数，每一块豆腐是不是只有9条棱？

第②种方法切出来的立体图形也不满足要求啊。

没错，选择第③种方法，你才能切出来想要的立体图形，它就是长方体！

长方体和正方体一样，每个顶点都有3条棱相交在一起，相交在同一个顶点的3条棱就是长方体的长、宽、高。

长方体就是由 6 个长方形围成的立体图形，它也有 12 条棱。

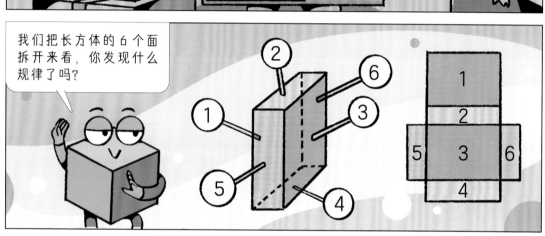

我们把长方体的 6 个面拆开来看，你发现什么规律了吗？

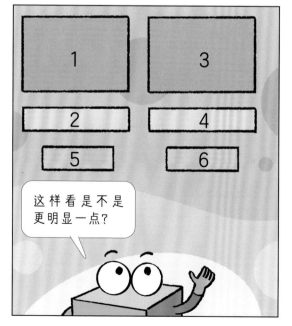

这样看是不是更明显一点？

没错，一个长方体的 6 个面并不是一模一样的 6 个长方形。但是呢，它相对的两个面是完全相同的。

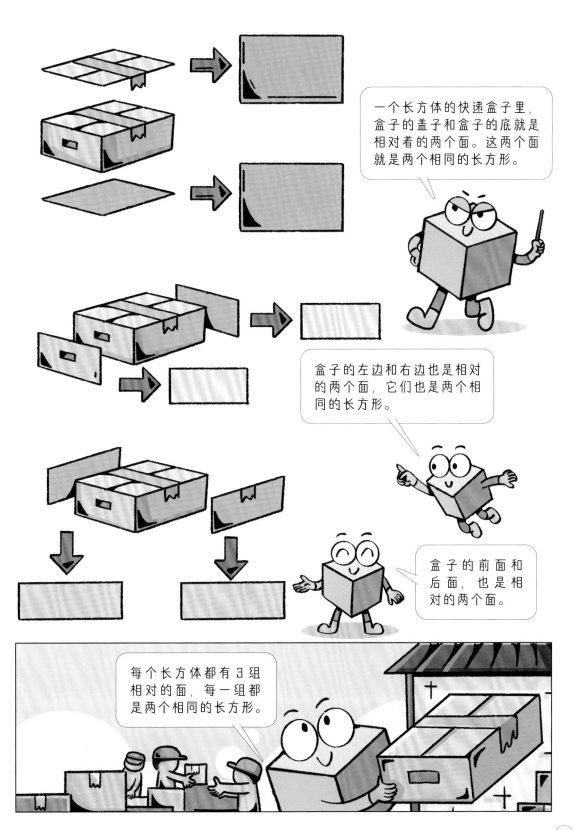

一个长方体的快递盒子里，盒子的盖子和盒子的底就是相对着的两个面。这两个面就是两个相同的长方形。

盒子的左边和右边也是相对的两个面，它们也是两个相同的长方形。

盒子的前面和后面，也是相对的两个面。

每个长方体都有3组相对的面，每一组都是两个相同的长方形。

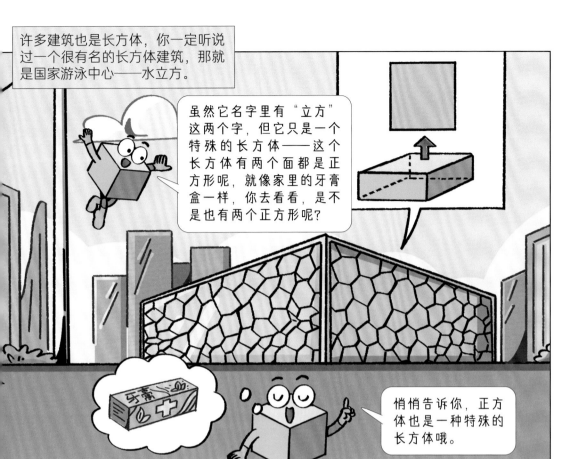

许多建筑也是长方体，你一定听说过一个很有名的长方体建筑，那就是国家游泳中心——水立方。

虽然它名字里有"立方"这两个字，但它只是一个特殊的长方体——这个长方体有两个面都是正方形呢，就像家里的牙膏盒一样，你去看看，是不是也有两个正方形呢？

悄悄告诉你，正方体也是一种特殊的长方体哦。

不过，并不是所有的建筑都是长方体。世界上有各种千奇百怪的建筑呢，和我一起飞过去看看吧！

我也想飞

像一根柱子一样

哇，看啊，那是福建土楼，从上往下看，它是圆圆的呢。

这个建筑的主体看上去也是圆圆的呢。

这栋建筑是3-2-1卡塔尔奥林匹克体育博物馆，位于2022年世界杯的举办城市卡塔尔。

刚刚见的那些建筑，它们都是一种立体图形——圆柱。
家里的笔筒、卫生纸卷都是圆柱。

每个圆柱都有 3 个面，其中两个面是圆形的，你看，这就是我用相机拍出来的圆柱的上下两个面哦。

圆柱还有第 3 个面，它是个什么形状呢？

是三角形？　　圆形？　　还是长方形呢？

圆形

?

圆形

拿一张三角形的纸，折叠或者卷一卷，可以做出来一个圆柱形的物体吗？

……好像不行啊。

把圆形的纸卷一下，看上去和圆柱有些像了。

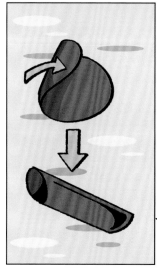

可是这样没办法把圆形底面放上去啊，所以也不对。

长方形的话，沿着它的一条边卷一下吧。

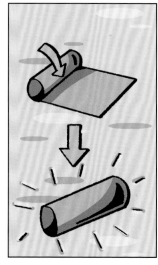

啊！我好像成功了，你呢，你的长方形纸卷起来是不是也是这样的呢？

其实，圆柱就是由 2 个相同的圆形和一个由长方形弯曲而成的面围成的立体图形。
弯曲的面就是曲面。

上底面

侧面

下底面

这个薯片盒就是一个圆柱，这个圆形的盖子就是它的上底面，下面的底就是圆柱的下底面。我手握住的部分，就是圆柱的侧面。

薯片

所有圆柱都有这 3 个面，把蒙古包上面的顶去掉之后，它也是一个有 3 个面的圆柱呢。

你知道吗，蒙古包上面的顶其实也是一个比较特殊的立体图形哦。

顶部尖尖的圆锥

除了蒙古包外，童话故事里的城堡也都有尖尖的屋顶。这种尖尖的屋顶其实就是圆锥。

我来给你拍几张圆锥的照片看看！

看，圆锥就是这个样子的，你能数出来圆锥有几个面吗？

注：扇形就是由圆的两条半径及它们中间的一段弧线组成的平面图形。

如果往这个脆皮甜筒里填满冰淇淋，你就填满了这个圆锥。看，这个面不就是一个圆形吗？

填进去的冰淇淋占据了圆锥里的空间。

圆锥就是由一个圆形和一个由扇形弯曲而成的曲面组成的立体图形，它一共有2个面。

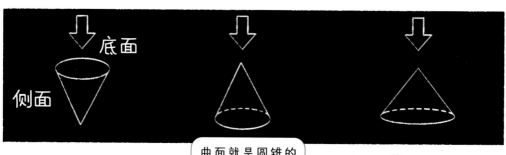

底面

侧面

曲面就是圆锥的侧面，圆形的面，是圆锥的底面。

圆锥有高有矮，用刚刚剩下的那一张扇形的蛋饼，就可以做出来一个很矮的圆锥，它也只有 2 个面。

就像你的身高是头顶到地面的距离一样，我们只要量出圆锥的顶点到它的底面的距离，就可以知道圆锥有多高了。

现在我们见过的所有立体图形的组成部分都有平面，那有没有完全由曲面构成的立体图形呢？

滚来滚去的球

生活中当然有完全由曲面构成的立体图形，你经常会见到它呢。

这种立体图形，就是由一个曲面构成的球体。无论是手链上圆圆的珠子、很小很轻的乒乓球，还是宇宙中的一些星球，这些全都是球体。

不管从哪个角度看球体，都只能看到一个圆形。

如果你把一个球体的蛋糕切开，它的切面也是圆形。

生活中到处都是立体图形

我们的生活中充满了立体图形，除了球体、正方体等立体图形外，身边还有各种各样的立体图形。
你看，有的笔筒是圆柱形的，有的笔筒则是一个棱柱，棱柱是没有曲面的。

圆柱

棱柱

童话里的城堡有尖尖的圆锥形屋顶，在遥远的埃及，还有尖尖的金字塔，金字塔都是棱锥，棱锥也是没有曲面的立体图形。

棱锥

如果平着切掉圆锥的尖尖，剩下的部分就是一个叫作"圆台"的立体图形。一些水桶、水杯和灯罩就是圆台。

圆台

如果切掉棱锥的顶部，你就可以得到一个叫作"棱台"的立体图形。上海世博会中，中国馆的上半部分就是一个倒过来的棱台。

中国古人发明的榫卯结构中就有一种用到了棱台，你看，很多立体图形都能在生活中得到应用哦。

棱台

概念收纳盒

立体图形：由一个或多个面围成的、可以存在于现实世界里并占据空间的几何图形。

正方体：由 6 个相同的正方形围成的立体图形。

长方体：由 6 个长方形围成的立体图形。

圆柱：由 2 个相同的圆形和 1 个由长方形弯曲而成的曲面构成的立体图形。

圆锥：由 1 个圆形和 1 个由扇形弯曲而成的曲面构成的立体图形。

球体：由 1 个曲面围成的立体图形。

米莱童书

米莱童书

米莱童书是由国内多位资深童书编辑、插画家组成的原创童书研发平台。旗下作品曾获得 2019 年度"中国好书"，2019、2020 年度"桂冠童书"等荣誉；创作内容多次入选"原动力"中国原创动漫出版扶持计划。作为中国新闻出版业科技与标准重点实验室（跨领域综合方向）授牌的中国青少年科普内容研发与推广基地，米莱童书一贯致力于对传统童书进行内容和形式的升级迭代，开发一流原创童书作品，适应当代中国家庭的阅读与学习需求。

策　划　人：刘润东

原创编辑：韩茹冰

知识脚本作者：于利 北京市海淀区北京理工大学附属小学数学老师，
34 年小学数学教学经验，海淀区优秀"四有"教师。

漫画绘制：Studio Yufo

装帧设计：张立佳　刘雅宁　刘浩男　辛　洋　马司雯　朱梦笔

封面插画：孙愚火

图书在版编目（CIP）数据

这就是几何：全9册 / 米莱童书著绘. —— 北京：
北京理工大学出版社, 2023.6（2024.2 重印）
　ISBN 978-7-5763-2252-1

　Ⅰ.①这… Ⅱ.①米… Ⅲ.①几何 – 儿童读物 Ⅳ.
①O18–49

中国国家版本馆CIP数据核字(2023)第060192号

出版发行 / 北京理工大学出版社有限责任公司
社　　址 / 北京市丰台区四合庄路6号
邮　　编 / 100070
电　　话 / （010）82563891（童书出版中心）
网　　址 / http://www. bitpress. com. cn
经　　销 / 全国各地新华书店
印　　刷 / 北京尚唐印刷包装有限公司
开　　本 / 710毫米×1000毫米　1 / 16
印　　张 / 22.5
字　　数 / 540千字
版　　次 / 2023年6月第1版　2024年2月第4次印刷
定　　价 / 200.00元（全9册）

责任编辑 / 陈莉华
　　　　　吴　博
文案编辑 / 陈莉华
责任校对 / 刘亚男
责任印制 / 王美丽

THAT'S GEOMETRY ▶ **06**

面积和体积

■ 米莱童书 著 / 绘

北京理工大学出版社
BEIJING INSTITUTE OF TECHNOLOGY PRESS

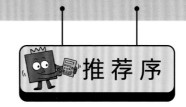

推荐序

　　40 岁的柏拉图在雅典创立了柏拉图学园，学园的大门上写下了"不懂几何者不得入内"的标语。这是为什么呢？这要从几何说起了，几何来源于生活，历史悠久。原始人为了生存，认识了猎物的形状、大小、位置等与几何相关的知识。后来，几何被用在了建筑、测绘以及各种工艺制作中，中国在公元前 13、14 世纪就已经有了"规""矩"这种用于测量的工具，古埃及人也发明了测定土地界线的"测地术"。到了现在，几何已经发展成了一门研究空间结构和性质的学科，同时也成了训练抽象思维能力、空间想象能力和逻辑推理能力的最有效的工具。

　　作为数学最基本的研究内容之一，几何中的定义和概念都是从人们的实际生活中抽象出来的。在系统地学习几何的过程中，小朋友会经历从实际生活中抽象出几何图形的过程以及将抽象图形具象为实际物体的过程，空间观念和想象能力得以随之发展。另外，通过对几何公理的推理和演绎，小朋友的逻辑推理能力也将得到提升。毫不夸张地说，几何可以为万物赋能。几何中涵盖着艺术的美感，许多包括绘画、建筑设计在内的工作都要求具备几何基础知识；同时，几何也能为绘图、天体观测等测绘行业提供帮助；几何成像技术的发展为医学、人工智能、软件开发等信息领域行业提供了更广阔的前景。了解几何、感悟几何，可以为孩子的未来职业发展奠定良好的基础。

　　就像柏拉图学园要求"不懂几何者不得入内"一样，几何在我们生活中的作用是不可取代的。基于这样的事实和需求，《这就是几何》聚焦于平面图形、立体图形、图形的位置和运动、几何直观等几何中的主题和要素，深入浅出地讲解几何知识，以引导孩子发现几何的奥妙。同时，书中渗透了历史、文化等方面的内容，满足孩子对综合知识的摄取，让几何在孩子眼中的形象变得更加丰满、有趣。

　　希望这本书能够成为孩子们几何学习道路上的助力器，学好几何、用好几何。

中国科学院院士、数学家、计算数学专家

郭柏灵

目 录

生活中的大与小

生活中充满了大与小的比较。

数字 3 比数字 8 小。

我 8cm 长。

我 3cm 长。

衣服太小了。

衣服尺码有大有小。

衣服太大了。

屏幕有大有小。

面包有大有小。

衣服、屏幕、面包不像数字一样，可以直接比较数量的大小，那我们怎么知道哪个大哪个小呢？

这就得请教我了。

别装深沉了，这我也行。

量一量不就行了？

我量我量我量！

试试这个。

这俩谁大谁小？

10cm > 9cm，三角形大？
也不对啊！

10cm+10cm+10cm=30cm，
9cm+9cm+9cm+9cm=36cm，
正方形大？

面积有大小

我们还是很有技术含量的。

呵呵，没那么简单吧？

我们几何图形的大小，说的既不是边长，也不是周长，更不是重量！

是**面积**！面积啊！

还有**体积**！

不管是什么，不都可以量出来吗？

还真有！那就是面积测量仪！不过面积测量仪用在这里感觉有些大材小用了。
一般情况下，面积还是需要你自己算出来的！

虽然没动脑子，但是个好问题。

面积测量仪可以快速测量任意形状地块的面积、距离、周长等数据，适用于农田、绿地、森林、水域等面积的测量。

面积、体积和**周长**有什么区别吗？

有！跟我来。

一维空间只能度量长度，其中一个单位是厘米，英文缩写是 cm。周长属于这个空间。

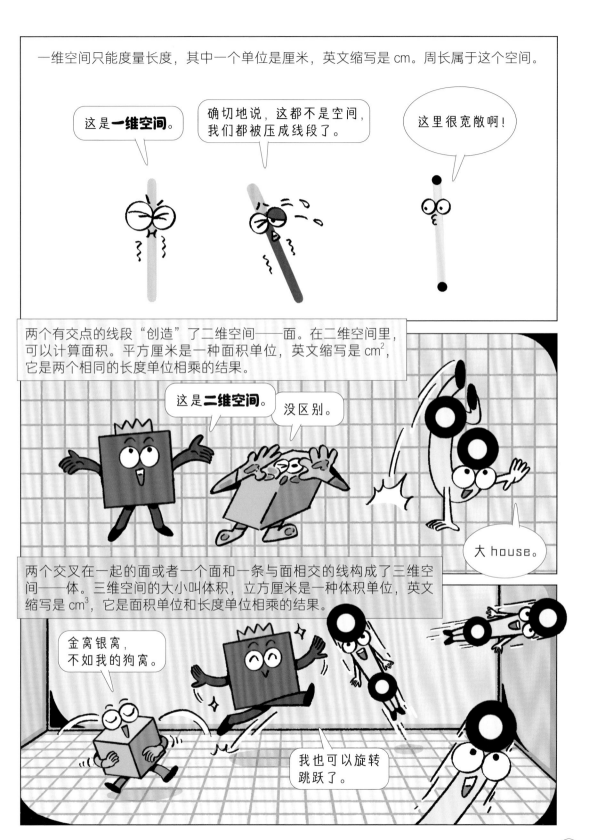

两个有交点的线段"创造"了二维空间——面。在二维空间里，可以计算面积。平方厘米是一种面积单位，英文缩写是 cm²，它是两个相同的长度单位相乘的结果。

两个交叉在一起的面或者一个面和一条与面相交的线构成了三维空间——体。三维空间的大小叫体积，立方厘米是一种体积单位，英文缩写是 cm³，它是面积单位和长度单位相乘的结果。

在几何的世界里，几何图形们需要随时准备旋转、移动、割补变换，这样能让我们更好地看清它们的本来面目。被一分为二的三角形通过旋转移动，变成了一个长方形。

让我们再回忆回忆**二维空间**。

真是令人窒息的回忆。

如果你在这张照片的空白处用彩笔随便画一个封闭图形，这个封闭图形和我们一样，都在照片这个空间里占了一部分区域，这部分区域就是它的面积。

如果这张照片是一个平面空间，这张照片里的我和正方体都占据了一部分区域，我们占据的这部分区域就是我们的面积。

如果你继续画，会最终把这张照片填满，因为照片也有面积，而且面积很小。

如果你在黑板上作画，能画更多的图形，因为黑板面积更大。

好了我知道了。

如果给你一张操场那么大的画布……

面积算算算！

又到了我的秘密武器出场的时刻了！

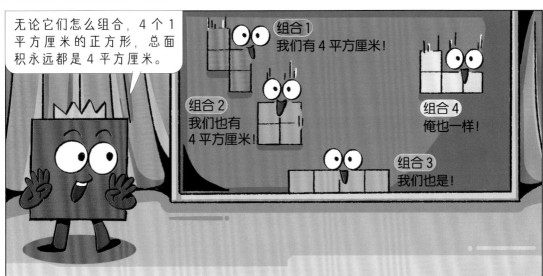

无论它们怎么组合，4 个 1 平方厘米的正方形，总面积永远都是 4 平方厘米。

组合 1
我们有 4 平方厘米！

组合 2
我们也有 4 平方厘米！

组合 3
我们也是！

组合 4
俺也一样！

这就是一个由 1 行 4 个正方形组成的长方形，它的面积就是 4 平方厘米。

每行正方形数	行数	面积/平方厘米
4	1	4
5	1	5
5	2	10

其实1平方厘米的正方形，边长就是1厘米。

所以我们可以把行数和每一行的正方形个数转换成长方形的长和宽来看，你就可以发现……

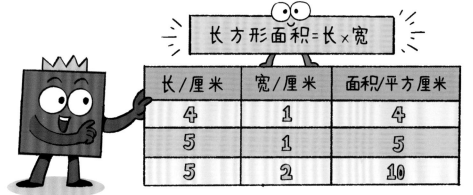

长方形面积=长×宽

长/厘米	宽/厘米	面积/平方厘米
4	1	4
5	1	5
5	2	10

包括特殊的长方形——**正方形**在内，所有的长方形都可以用这个公式去求它的面积。

我们正方形就是长和宽都相等的长方形，所以用**边长**就可以计算出正方形的面积。

正方形面积=边长×边长

所以你看，只要我的秘密武器在，我们就可以计算出平面图形的面积。

我可不信，你先用你的秘密武器拼出来一个平行四边形再说！

这还不好说！看到这个面积是 6 平方厘米的长方形了吗，只要我一刀下去……

把切下来的小三角形拼在左边，看，这不就是一个**平行四边形**了吗？

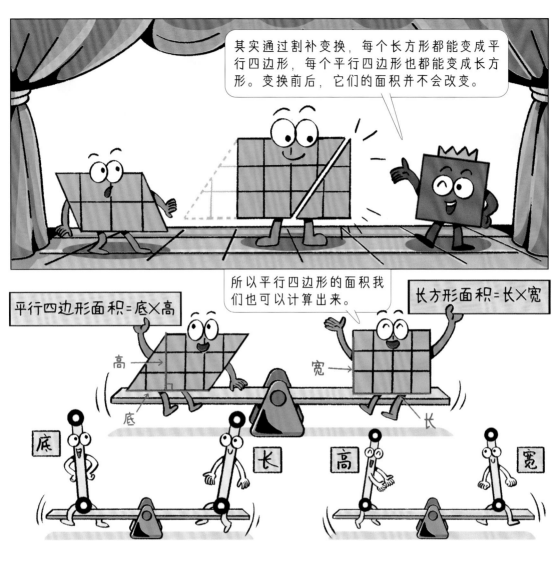

"无限"分割大法

圆形可是一个曲线图形，现在你又要怎么做呢？

哼，这可难不倒我！还记得之前说过的割圆术吗？魏晋时期的著名数学家刘徽用割圆术的方法，向我们渗透了一个叫作**"无限"的概念**。圆内接正多边形的边数无限增加时，它的形状就越接近一个圆形。

我们可以把这个**"无限"**的概念，再次应用到圆形上面。先把圆形切成一样大的很多份，就像切披萨一样。

然后再这样拼起来，这样是不是看起来像一个平行四边形了？别急，我还能让它继续变呢！

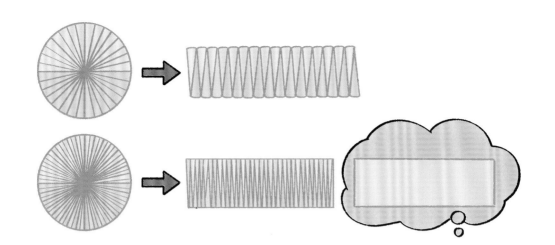

 现在圆形的曲线部分连起来看更像是直线了，这不就是长方形的长吗？！

当圆形被等分出无限个扇形时，拼成的图形就无限接近长方形了。

这个长方形的长就是圆形周长的一半，宽就是圆形的半径，这样我们就可以用长方形面积公式推导出圆形的面积啦。你还记得圆形的周长怎么计算吗？

要用到我哦！

"平方"世界

看吧，面积都是可以计算出来的，而且，我可不是只有这一个秘密武器。之前我们提到过，平方厘米（cm²）是一种面积单位，你的大拇指指甲盖的面积大约就是1平方厘米。

1cm²

如果把100个1平方厘米的正方形拼成一个大正方形，就是我的另一个秘密武器啦！

列队，目标是边长为10厘米的大正方形！

这就是一个1平方分米那么大的正方形，它有100个1平方厘米那么大。平方分米就是另一种面积单位，它还可以写作dm²，一个成年人的手掌大约就有1平方分米那么大。

1dm²

还有更大的面积单位吗？

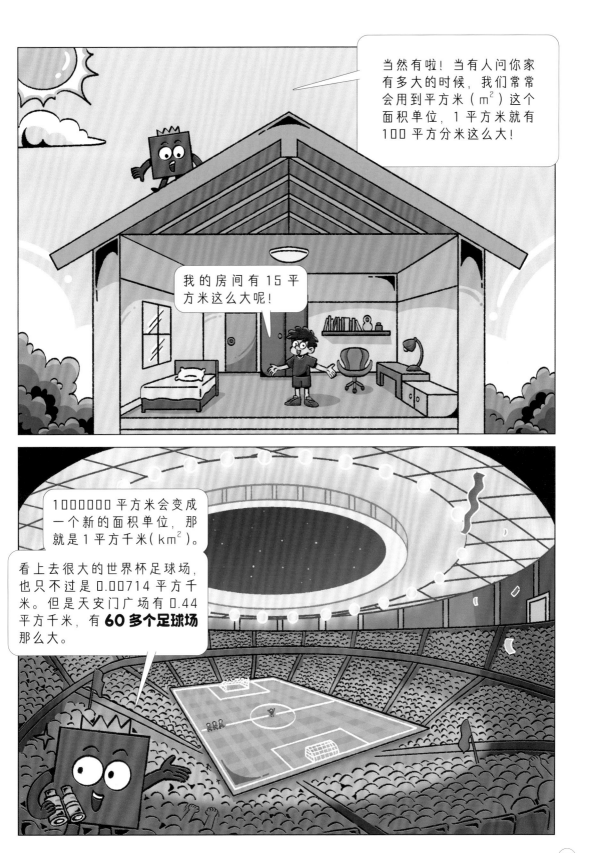

当然有啦！当有人问你家有多大的时候，我们常常会用到平方米（m²）这个面积单位，1 平方米就有 100 平方分米这么大！

我的房间有 15 平方米这么大呢！

1000000 平方米会变成一个新的面积单位，那就是 1 平方千米（km²）。

看上去很大的世界杯足球场，也只不过是 0.00714 平方千米。但是天安门广场有 0.44 平方千米，有 **60 多个足球场** 那么大。

不同凡响的体积

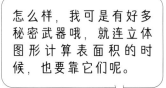

怎么样，我可是有好多秘密武器哦，就连立体图形计算表面积的时候，也要靠它们呢。

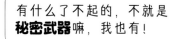

有什么了不起的，不就是**秘密武器**嘛，我也有！

这就是1立方厘米的正方体！它的6个面是6个1平方厘米大的正方形，所以表面积是6平方厘米，而且，我们立体图形有的可不只是表面积，我们还有体积！

体积！体积！

棱长：1 cm

每一本书都有表面积，而每一本书也是占据空间的**立体图形**，立体图形所占据的空间就是它的体积。

一箱牛奶外面的包装就是它的表面积，而里面一盒盒的牛奶就占据了牛奶箱里面的体积。

牛奶

牛奶

我们立体图形比大小的时候比的不只有**表面积**，还有**体积**。

其实地球上的一切物体都有体积，西瓜的体积就要比芝麻的体积大。可不能捡了芝麻，丢了西瓜啊。

而地球本身也有体积，约为 1.0832×10^{12} 立方千米。人类和地球比起来，就像是一粒小小的芝麻。

芝麻可真小。

不过，对人类来说巨大无比的地球，在太阳面前就没有什么地位了，太阳可是有 130 万个地球那么大。

好歹我也是**三维空间**里的图形，还是比你多点东西在身上呀。

算你厉害！

先别急着认输，毕竟我还没说完呢！你看这个马克杯，它也是一个立体图形，里面的果汁也占据了它里面的空间，这个空间就是这个马克杯的容积。

还有？

所有的立体图形都有体积，但是只有一些像水桶、罐子之类的容器才有容积。

蜂蜜

体积算算算！

小正方体们还可以拼成不同样子的**长方体**。

12立方厘米

8立方厘米

2厘米

3厘米 2厘米

2厘米

4厘米 1厘米

这样，你知道该怎么计算长方体的体积了吗?

我知道了，长方体的体积就是它的长、宽、高的乘积!

长/厘米	宽/厘米	高/厘米	体积/立方厘米
2	1	1	2
2	1	2	4
3	2	2	12
4	1	2	8

正方体体积=棱长×棱长×棱长

同样，我们正方体就是长、宽、高都相等的长方体，所以我们的体积只需要知道棱长就可以计算出来啦。

咦？长方体的底面就是长方体的长和宽组成的长方形，所以它的底面积就是**长 × 宽**啦！

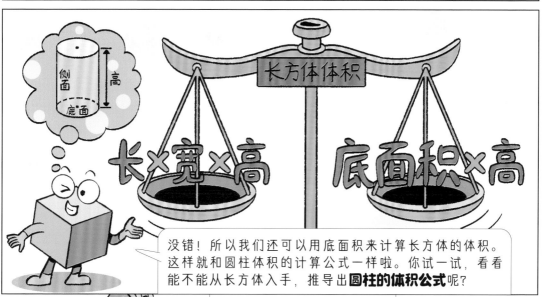

没错！所以我们还可以用底面积来计算长方体的体积。这样就和圆柱体积的计算公式一样啦。你试一试，看看能不能从长方体入手，推导出**圆柱的体积公式**呢？

像长方体、正方体、圆柱体之类的规则图形都可以计算出体积，这我毫不怀疑。可是，这些呢？

这、这也难不倒我！

还有不规则图形！

我们可以用**排水法**测量出这一串钥匙的体积。

我们可以把钥匙放进这个量杯中，然后观察水面的变化。**看，水面上升了**！

250mL

水面**上升的那部分水的体积**就是这串钥匙的体积。

那你能把这个放进量杯里吗？

谁会去算一辆货车的体积啊？！

"立方"世界

体积和面积一样，也是有单位的。立方厘米就是一种体积单位，它还可以写作 cm^3，你可以伸出手来看一看，一个指尖的体积大约就有 1 立方厘米。

哇，立方厘米、立方分米、立方米之间的进率是 1000 呢！

1000 个 1 立方厘米就会组成一个新的体积单位，那就是立方分米（dm³），一个粉笔盒的体积就有 1 立方分米。

比立方分米还要大的体积单位，就是立方米（m³）啦，它可是有 1000 个立方分米这么大呢。拿这个饮水机上的水桶来说，1 立方米的水大约有 50 桶呢。

小图形，大智慧

其实，无论是面积还是体积，都不是现代社会才有的东西。很久很久以前，人们就已经在探索和实践中，摸索出了很多知识。

快走快走，我已经等不及了！

在古代社会，出于税收等考虑，经常要计算土地的面积。《九章算术》中的"方田章"就论述了平面图形面积的算法。

南北朝时期的数学家祖暅更是推导出了涉及几何图形求体积的祖暅原理。

幂势既同，则积不容异。

通俗来讲，就是用一摞书摆成一个立体图形，就像这10本书，无论是搭成左边的样子，还是右边的样子，它们的体积永远都是一样大的。

未来又会是怎样的呢？我们身上还有没有其他的秘密呢？这个，就靠你去发现啦！

概念收纳盒

面积：面积指的是平面图形的大小，常见的面积单位有平方厘米、平方分米、平方米等。

体积：体积指的是立体图形所占空间的大小，常见的体积单位有立方厘米、立方分米、立方米等。

容积：一个容器所能容纳物体的体积，就是这个容器的容积。

祖暅原理：位于两个平行平面之间的两个立体图形，被任一平行于这两个平面的平面所截，如果两个截面的面积总是相等，那么这两个立体的体积相等。

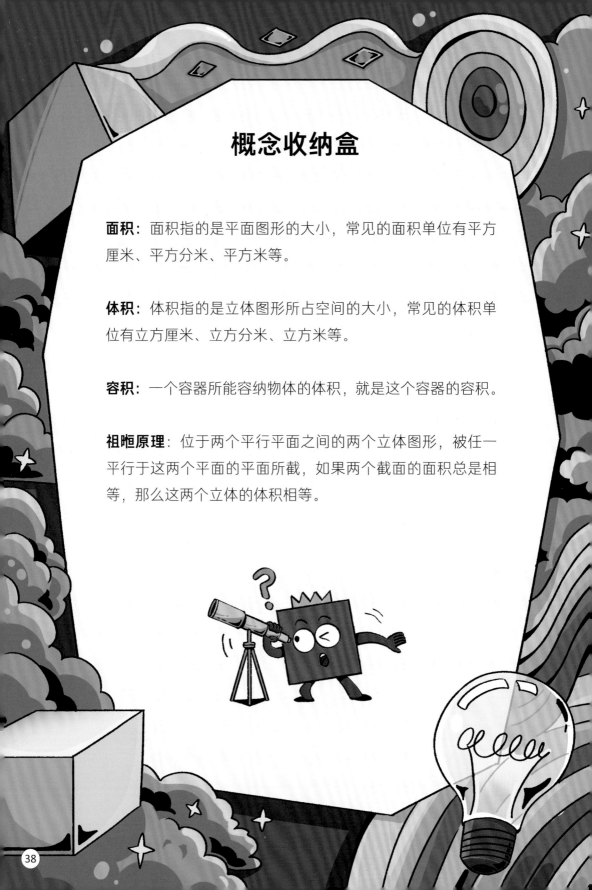

米莱童书

米莱童书

米莱童书是由国内多位资深童书编辑、插画家组成的原创童书研发平台。旗下作品曾获得 2019 年度"中国好书",2019、2020 年度"桂冠童书"等荣誉;创作内容多次入选"原动力"中国原创动漫出版扶持计划。作为中国新闻出版业科技与标准重点实验室(跨领域综合方向)授牌的中国青少年科普内容研发与推广基地,米莱童书一贯致力于对传统童书进行内容和形式的升级迭代,开发一流原创童书作品,适应当代中国家庭的阅读与学习需求。

策 划 人: 刘润东

原创编辑: 韩茹冰

知识脚本作者: 于利 北京市海淀区北京理工大学附属小学数学老师,
34 年小学数学教学经验,海淀区优秀"四有"教师。

漫画绘制: Studio Yufo

装帧设计: 张立佳　刘雅宁　刘浩男　辛　洋　马司雯　朱梦笔

封面插画: 孙愚火

图书在版编目（CIP）数据

这就是几何 : 全9册 / 米莱童书著绘. -- 北京 :
北京理工大学出版社, 2023.6（2024.2 重印）
ISBN 978-7-5763-2252-1

Ⅰ.①这… Ⅱ.①米… Ⅲ.①几何－儿童读物 Ⅳ.
①O18-49

中国国家版本馆CIP数据核字(2023)第060192号

出版发行 / 北京理工大学出版社有限责任公司
社　　址 / 北京市丰台区四合庄路6号
邮　　编 / 100070
电　　话 /（010）82563891（童书出版中心）
网　　址 / http://www.bitpress.com.cn
经　　销 / 全国各地新华书店
印　　刷 / 北京尚唐印刷包装有限公司
开　　本 / 710毫米×1000毫米　1 / 16
印　　张 / 22.5
字　　数 / 540千字
版　　次 / 2023年6月第1版　2024年2月第4次印刷
定　　价 / 200.00元（全9册）

责任编辑 / 陈莉华
　　　　　吴　博
文案编辑 / 陈莉华
责任校对 / 刘亚男
责任印制 / 王美丽

这就是几何

THAT'S GEOMETRY ▶ **07**

图形的位置和运动

■ 米莱童书 著/绘

带你走进精彩的
几何世界

北京理工大学出版社
BEIJING INSTITUTE OF TECHNOLOGY PRESS

推荐序

　　40 岁的柏拉图在雅典创立了柏拉图学园，学园的大门上写下了"不懂几何者不得入内"的标语。这是为什么呢？这要从几何说起了，几何来源于生活，历史悠久。原始人为了生存，认识了猎物的形状、大小、位置等与几何相关的知识。后来，几何被用在了建筑、测绘以及各种工艺制作中，中国在公元前 13、14 世纪就已经有了"规""矩"这种用于测量的工具，古埃及人也发明了测定土地界线的"测地术"。到了现在，几何已经发展成了一门研究空间结构和性质的学科，同时也成了训练抽象思维能力、空间想象能力和逻辑推理能力的最有效的工具。

　　作为数学最基本的研究内容之一，几何中的定义和概念都是从人们的实际生活中抽象出来的。在系统地学习几何的过程中，小朋友会经历从实际生活中抽象出几何图形的过程以及将抽象图形具象为实际物体的过程，空间观念和想象能力得以随之发展。另外，通过对几何公理的推理和演绎，小朋友的逻辑推理能力也将得到提升。毫不夸张地说，几何可以为万物赋能。几何中涵盖着艺术的美感，许多包括绘画、建筑设计在内的工作都要求具备几何基础知识；同时，几何也能为绘图、天体观测等测绘行业提供帮助；几何成像技术的发展为医学、人工智能、软件开发等信息领域行业提供了更广阔的前景。了解几何、感悟几何，可以为孩子的未来职业发展奠定良好的基础。

　　就像柏拉图学园要求"不懂几何者不得入内"一样，几何在我们生活中的作用是不可取代的。基于这样的事实和需求，《这就是几何》聚焦于平面图形、立体图形、图形的位置和运动、几何直观等几何中的主题和要素，深入浅出地讲解几何知识，以引导孩子发现几何的奥妙。同时，书中渗透了历史、文化等方面的内容，满足孩子对综合知识的摄取，让几何在孩子眼中的形象变得更加丰满、有趣。

　　希望这本书能够成为孩子们几何学习道路上的助力器，学好几何、用好几何。

中国科学院院士、数学家、计算数学专家

郭柏灵

目　录

一直都在运动的我们

你每天都要从家里出发，到学校上学，路途中的你就在运动着。

在你不知道的时候，地球也在绕着太阳运转着。

方向不变的平移

呀，门自动开了！

自动打开的门就在运动，这种运动叫作平移。

我在**向左平移**！

我在**向右平移**！

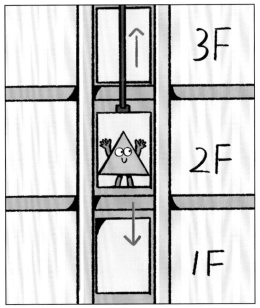

平移可不是变魔术，它不会改变物体的大小和形状，就像是开在路上的小汽车，它开得再远，都不会变成一辆大卡车。

不仅仅是平移，像这样走着走着拐弯了的移动也不会改变物体的大小和形状。
毕竟，这辆小汽车只是拐了个弯，而不是跑进了异世界。

平移只会改变物体的位置，你往前走一步也还是之前的那个你。

大酬宾啦！转盘抽奖，每个人都有一次机会啊！

旋转的抽奖转盘

欢迎光临。

谢谢惠顾……为什么我抽不到一等奖啊，这个能旋转的圆盘一定有问题！

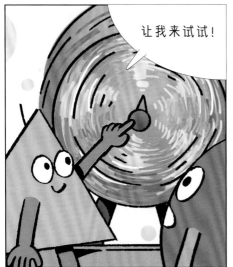

让我来试试！

旋转和平移一样，也是物体的一种运动。一个点绕着另外一个不动的点进行旋转，它的奔跑痕迹就会变成一个圆形。

我不会动的，你绕着我跑吧！

一直不动的那个点就是旋转中心，抽奖转盘上的红色按钮也是旋转中心。

旋转中心

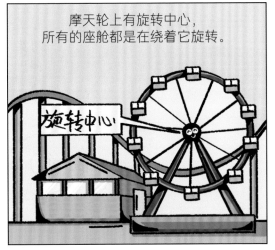

摩天轮上有旋转中心，
所有的座舱都是在绕着它旋转。

你家里的钟表也有旋转中心，
时针和分针就在绕着它旋转。

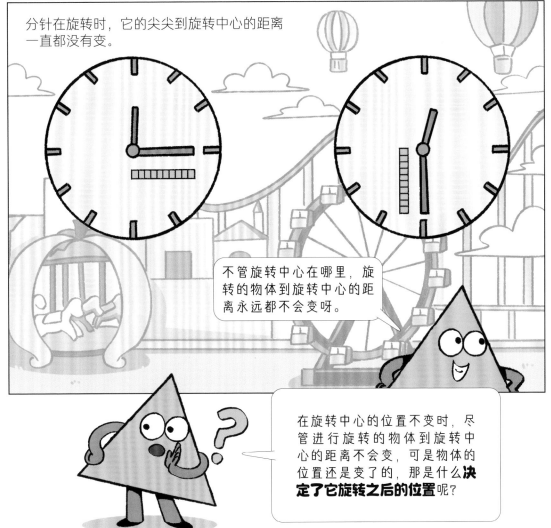

分针在旋转时，它的尖尖到旋转中心的距离
一直都没有变。

不管旋转中心在哪里，旋转的物体到旋转中心的距离永远都不会变呀。

在旋转中心的位置不变时，尽管进行旋转的物体到旋转中心的距离不会变，可是物体的位置还是变了的，那是什么**决定了它旋转之后的位置**呢？

摩天轮上，座舱旋转的时候，从下面转到了左边，如果我们把这两个位置和旋转中心连起来，就形成了一个直角！也就是说，座舱旋转了90°，从下面转到了上面。

如果座舱旋转了180°，它就会移动到最上面。

旋转中，这样的角度就叫作旋转角度。但是只有角度是不行的，你看，摩天轮还可以往右边转。

旋转角度和旋转方向共同确定了一个物体旋转后所在的位置。可是，旋转和平移不一样，旋转的方向可不是直来直去的。

一个钟表上面，时针和分针旋转的方向是顺时针方向，这是一种旋转方向。

如果时针和分针往反方向旋转，这个方向就是逆时针方向。旋转的方向可以反过来，可是时间却不能倒流哦。

抽奖转盘不听我指挥，我让它顺时针转90°，它偏要转180°！

这是运气问题啦！

这个电梯会开门

这条缝儿从中间把直梯的门分成两个部分，这就是直梯的两扇门。我们用一张纸，就能做成一个直梯门的简单模型。

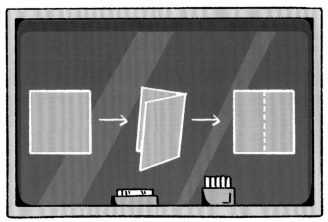

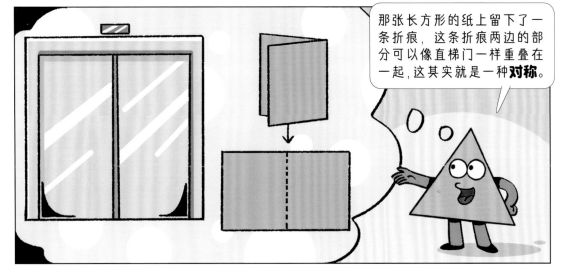

这条缝儿就是对称轴，对称轴两边可以完全重合在一起的图形，就是轴对称图形。长方形就是轴对称图形，而且它的对称轴可不止一条哦。

对称轴还可以是斜的，但是它一定是一条直线。

不过，对称也不只有这一种。

叮！

别挤别挤，快摔倒了！

还有一种对称，叫作**中心对称**，正方形就是一个中心对称图形。

中心对称要和旋转结合在一起看，风一吹，风车就会绕着中间的这个点旋转起来。

它旋转了180°的时候，还是和以前一样，所以风车就是个中心对称图形。

中心对称和轴对称是一对好朋友，它们都是一种对称。像圆形和正方形，它们既是**轴对称图形**，又是**中心对称图形**呢。

对称很漂亮，从古至今，
不管是轴对称还是中心对称，
都被用在我们的生活中。
天坛就是一座对称的建筑。

飞机也是对称的。

但是生活中并不是所有的东西都是对称的，总是有一些不对称的图形和物体。它们也很漂亮，不过呢，如果你想让它们变成对称的，也不是没有办法。

补全一个对称图形

这个饼干可以变成一个**对称图形**吗?

当然可以啦,就像是剪窗花一样,把一张纸这样对折,然后拿剪刀随意剪一个图案。

之后再把这张纸撑开,你看,这不就是一个对称图形嘛!

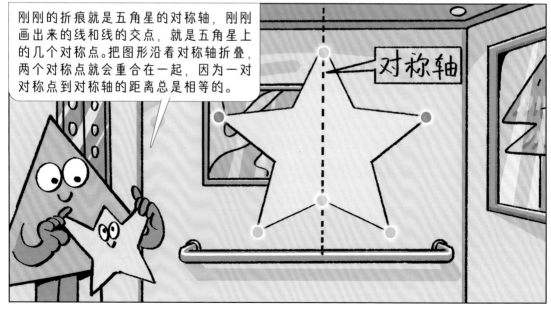

刚刚的折痕就是五角星的对称轴,刚刚画出来的线和线的交点,就是五角星上的几个对称点。把图形沿着对称轴折叠,两个对称点就会重合在一起,因为一对对称点到对称轴的距离总是相等的。

对称轴

想要把那块儿不完整的小饼干变成一个对称图形，首先我们就要先在一张对折好的纸上，沿着折痕，画出剩下的小饼干的形状。

你可以直接用剪刀把它剪开，也可以用针在交点的位置扎几个孔，找出它们的对称点，连上对称点之后，就可以补全这个对称图形啦。

下面这几个图形，你能找出来哪些是对称图形吗？

奇妙的图形

只需要把两个一模一样的等腰直角三角形的灯拼在一起，就可以拼出来这个正方形的灯。
只要移动其中一个三角形，就能把这个正方形的灯变成一个平行四边形的灯，看！

还有更厉害的！请右边的三角形灯罩以这个点为旋转中心，绕着它逆时针旋转 90°。

只能以这个点为**旋转中心**吗？

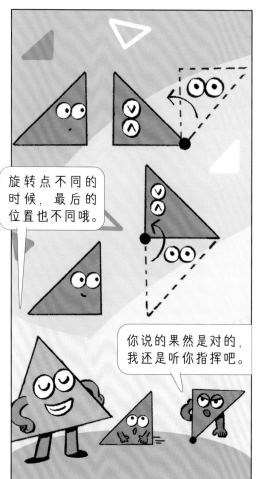

旋转点不同的时候，最后的位置也不同哦。

你说的果然是对的，我还是听你指挥吧。

好了，进行了旋转之后呢，右边的三角形**往左平移**，我们就拼好啦。

这不就拼好了嘛！

除了旋转和平移，利用对称也能拼出不同形状的图形来！毕竟，**图形的运动**可是很奇妙的。

听到了吗，快按照它说的做！

荷兰艺术家埃舍尔就把自己称为"图形艺术家"，他利用图形的**旋转、平移和对称**，创作出很多奇妙的画作。你能看出来里面包含哪些图形运动吗？

就像埃舍尔一样，每个人都有利用图形创作的可能，比如**平面设计师**。

还有**建筑设计师**。

你还可以去做游戏**研发工程师**。

其实我比较想做建筑设计师。

请拿好您的票。

不过，做建筑设计师需要绘制设计图纸，那就必须**学会精准定位**！

7排6座

你看电影票上，这个"7排6座"，就是我们要去的位置。

用数对找座位

"7排6座"，指的就是从前往后数第7排，从过道这边往里面数的第6个座位。

我是5排3座，就是从前往后数第5排，从过道这边往里面数，第3个座位！

你看,这么简单的几个字,就可以把位置说出来,这其实就是**数对的魅力**。

数对是"一对"数，也就是由两个数构成的整体。提起数对，就不得不说法国伟大的数学家**笛卡尔**了。他就是在生病时看到结网的蜘蛛而发明的数对！

如果蜘蛛是一个点的话，那这个点的位置是不是可以用数字确定下来呢……

嘿咻！ 嘿咻！ 嘿咻！

把蜘蛛网看成是由一个个格子组成的方格图，那蜘蛛就是沿着方格图上的横线和竖线在运动。

努力努力……

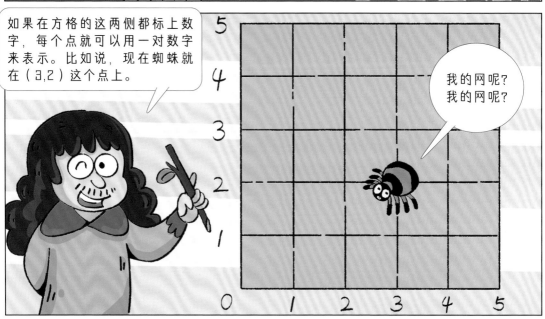

如果在方格的这两侧都标上数字，每个点就可以用一对数字来表示。比如说，现在蜘蛛就在（3,2）这个点上。

我的网呢？
我的网呢？

对不起，快回去织网吧……

哼！

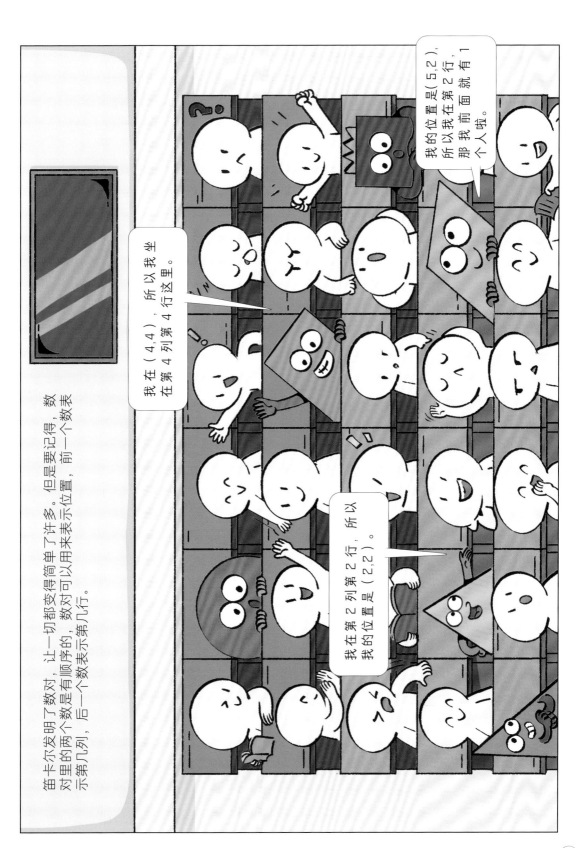

你知道吗，数对还有一个名字，叫作"坐标"。在一个坐标里，前一个数是横坐标，也就是横着排在一起的数；后一个数是纵坐标，也就是竖着排在一起的数。

如果要把数对放在坐标系中，那么我现在的坐标就是（2,4）。

我的坐标是（5,4），在等边三角形的右边！这个时候我和等边三角形的距离就是3个单位长度。

注：单位长度是由我们规定的，我们可以规定2厘米为一个单位长度，那么4厘米就是2个单位长度。

知道两个坐标，就能知道这两个坐标之间的相对位置。而且，在地球上，很多事情都要用到**数对和坐标**呢。

如果我想从北京去上海，我可以先看看地图，确认一下两个地方的位置。地图上的这种**坐标代表的就是经纬度**，也就是东经120°、北纬40°和东经121°、北纬31°。

120°E 40°N

121°E 31°N

地球

120°E

40°N

经纬度是用经纬线确定的，地球本身是没有经纬线的，但是为了定位，人们画出了**经纬线**，这样，我们就可以通过经纬坐标来**定位**啦。

除了南北，还有东西，经纬线中东经就是本初子午线以东的经线。西经就是本初子午线以西的经线。

就这样，人们总结出了辨别地图上的方向的规律，那就是上北下南，左西右东。

在生活里，也有很多很常见的现象离不开方向呢！

后来，人们又发明了**指南鱼**。里面的小鱼是一个被磁化的铁片，水面静止的时候，鱼头就会指向南方。

很久之前，人们并没有导航，他们都是靠我国的四大发明之一——**指南针**来辨别方向的。最初的指南针是个"勺子"，就是**司南**。

指南针还有**磁针、罗盘**等各种各样的样式，被广泛地应用在航海上。最著名的航行当属郑和下西洋了，沿途航线都标有罗盘针路。

手机上也有**指南针**，手机对着哪里，这上面就会显示出那个位置的方向。你看里面那根长长的线，指的就是东偏南 45°的方向。

当你的正前方是东方时，伸开右手，右手就指向了正南方。

如果你面朝东方时，原地顺时针旋转45°，你面向的方向就是东偏南45°啦。

概念收纳盒

平移： 同一平面内，图形（或物体）上的所有点都按照某个直线方向做相同距离的移动。

旋转： 图形（或物体）绕着旋转中心沿某个方向做一定角度的运动。

轴对称图形： 平面内，一个图形沿着一条直线进行折叠，如果直线两旁的部分可以完全重合，那么这个图形就是轴对称图形。

中心对称图形： 把一个图形绕着某一个点旋转180°，如果旋转后的图形能够与原来的图形重合，那么这个图形叫作中心对称图形。

数对： 一对可以表示位置的"数"，前一个数表示列，后一个数表示行。

坐标： 一对可以表示位置的"数"，前一个数是横坐标，后一个数是纵坐标。

P19 答案

③④都是对称图形。

米莱童书

米莱童书

米莱童书是由国内多位资深童书编辑、插画家组成的原创童书研发平台。旗下作品曾获得 2019 年度"中国好书"，2019、2020 年度"桂冠童书"等荣誉；创作内容多次入选"原动力"中国原创动漫出版扶持计划。作为中国新闻出版业科技与标准重点实验室（跨领域综合方向）授牌的中国青少年科普内容研发与推广基地，米莱童书一贯致力于对传统童书进行内容和形式的升级迭代，开发一流原创童书作品，适应当代中国家庭的阅读与学习需求。

策 划 人：刘润东

原创编辑：韩茹冰

知识脚本作者：于利 北京市海淀区北京理工大学附属小学数学老师，
    34 年小学数学教学经验，海淀区优秀"四有"教师。

漫画绘制：Studio Yufo

装帧设计：张立佳　刘雅宁　刘浩男　辛　洋　马司雯　朱梦笔

封面插画：孙愚火

图书在版编目（CIP）数据

这就是几何 : 全9册 / 米莱童书著绘. -- 北京 :
北京理工大学出版社, 2023.6 (2024.2 重印)
　ISBN 978-7-5763-2252-1

　Ⅰ. ①这… Ⅱ. ①米… Ⅲ. ①几何－儿童读物 Ⅳ.
①O18-49

中国国家版本馆CIP数据核字(2023)第060192号

出版发行 / 北京理工大学出版社有限责任公司
社　　址 / 北京市丰台区四合庄路6号
邮　　编 / 100070
电　　话 / （010）82563891（童书出版中心）
网　　址 / http://www.bitpress.com.cn
经　　销 / 全国各地新华书店
印　　刷 / 北京尚唐印刷包装有限公司
开　　本 / 710毫米×1000毫米　1 / 16　　　　　　责任编辑 / 陈莉华
印　　张 / 22.5　　　　　　　　　　　　　　　　　　　吴　博
字　　数 / 540千字　　　　　　　　　　　　　　文案编辑 / 陈莉华
版　　次 / 2023年6月第1版　2024年2月第4次印刷　责任校对 / 刘亚男
定　　价 / 200.00元（全9册）　　　　　　　　　责任印制 / 王美丽

THAT'S GEOMETRY **08**

几何直观

■米莱童书 著/绘

带你走进精彩的
几何世界

北京理工大学出版社
BEIJING INSTITUTE OF TECHNOLOGY PRESS

推荐序

40 岁的柏拉图在雅典创立了柏拉图学园，学园的大门上写下了"不懂几何者不得入内"的标语。这是为什么呢？这要从几何说起了，几何来源于生活，历史悠久。原始人为了生存，认识了猎物的形状、大小、位置等与几何相关的知识。后来，几何被用在了建筑、测绘以及各种工艺制作中，中国在公元前 13、14 世纪就已经有了"规""矩"这种用于测量的工具，古埃及人也发明了测定土地界线的"测地术"。到了现在，几何已经发展成了一门研究空间结构和性质的学科，同时也成了训练抽象思维能力、空间想象能力和逻辑推理能力的最有效的工具。

作为数学最基本的研究内容之一，几何中的定义和概念都是从人们的实际生活中抽象出来的。在系统地学习几何的过程中，小朋友会经历从实际生活中抽象出几何图形的过程以及将抽象图形具象为实际物体的过程，空间观念和想象能力得以随之发展。另外，通过对几何公理的推理和演绎，小朋友的逻辑推理能力也将得到提升。毫不夸张地说，几何可以为万物赋能。几何中涵盖着艺术的美感，许多包括绘画、建筑设计在内的工作都要求具备几何基础知识；同时，几何也能为绘图、天体观测等测绘行业提供帮助；几何成像技术的发展为医学、人工智能、软件开发等信息领域行业提供了更广阔的前景。了解几何、感悟几何，可以为孩子的未来职业发展奠定良好的基础。

就像柏拉图学园要求"不懂几何者不得入内"一样，几何在我们生活中的作用是不可取代的。基于这样的事实和需求，《这就是几何》聚焦于平面图形、立体图形、图形的位置和运动、几何直观等几何中的主题和要素，深入浅出地讲解几何知识，以引导孩子发现几何的奥妙。同时，书中渗透了历史、文化等方面的内容，满足孩子对综合知识的摄取，让几何在孩子眼中的形象变得更加丰满、有趣。

希望这本书能够成为孩子们几何学习道路上的助力器，学好几何、用好几何。

中国科学院院士、数学家、计算数学专家

郭柏灵

目录

从远古开始

大家好！还记得我吗，我是你的老朋友**线段**，今天我要带你去认识一个新朋友。

这个新朋友可是很神秘的，需要我们好好找一找，才能找到它。现在，快来和我一起坐上时光机，看看过去有没有它的身影吧！

看，那里好像在狩猎，我们走近看一看。

今天猎到5只羊啊，大家可以饱餐一顿了！

很久很久以前，人们会用绳结来表示数量。我们可以通过绳结，非常直观地感知到数量的多与少，这就是结绳记数。

没我们的多！

南美洲的古印加人也用结绳的方法来记数。他们会在一根很粗的绳子上面系上不同颜色的细绳，根据绳的颜色、结的位置、大小等，来表示出不同事物的数目。

用红色的绳子来代表羊驼的数量吧。

除了结绳记数以外，人类也曾在竹、龟甲、骨头等材料上刻下痕迹，用刻痕来记数。中国的甲骨文数字就是一种刻痕记数。

试试看，看看你能在下面的甲骨文中找出**代表数字的符号**吗？

无论是绳结还是刻痕，这些符号都把数量**直接呈现**在他们的眼前。

随着历史的变迁，越来越多数字符号被发明了出来，包括现在全世界通用的**阿拉伯数字**，都是可以直观地表示出数的符号。

这种直观的表达像极了我们的新朋友，它就是……

几何直观！

哲学家都喜欢的直观

你是不是没有见过我？哈哈，其实我不是一个具体的图形或者符号，而是一种用来分析和解决问题的思维方法。不是我自吹自擂，但是我真的大有用处哦！

直到现代社会，我才拥有了我的名字。不过，在很久很久之前，人们就已经发现直观的重要性了。

春秋战国时期，创立墨家学派的墨子就很喜欢直观的表达。

我们要用大家已经知道的事物来说明大家不知道的事物，这样别人才能更好地理解我们的想法。

注：辟也者，举也物而以明之也。——墨子《小取》

儒家学派的创始人孔子也让抽象的时间流逝直观地呈现在了我们眼前,让我们明白了时间的易逝。

时间就像这流水一样,不停流逝,一去不复返。

注:逝者如斯夫,不舍昼夜。——孔子《论语》

名家学派的创始人惠子也喜欢用直观的、简单明了的表达。

梁惠王

什么是"弹"呢?

弹就是弹!

惠子

弹 弓

"弹"是一种射具,它的形状和弓很像,只不过弹是用竹子做成的。这样说,您能明白"弹"是什么吗?

勾股是个大学问

在中国古代数学家眼中，用图形分析和解释抽象数学概念的思想也是一种直观，比如刘徽的**割圆术**就很直观地把极限思想呈现在我们的面前。

你还记得刘徽吗，他是我们的老朋友了……

割圆术还包含着朴素的微积分思想呢，在当时可是非常先进的。

刘徽给一本有名的数学专著**《九章算术》**做注释时，提出了出入相补原理，用图形的分割、移动等证明了书中很多的数学恒等式，最有名的当属**勾股定理**啦。

股 弦 勾

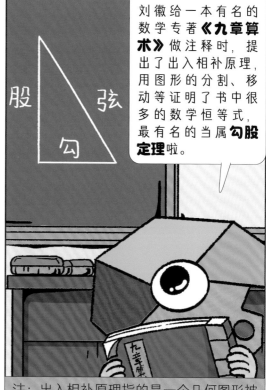

注：出入相补原理指的是一个几何图形被分割成若干部分后，面积或者体积的总和保持不变。

勾股定理指的是直角三角形的两条直角边的平方之和等于斜边的平方。

它用处可大了，除了可以用来判定直角三角形之外，工人们也会用勾股定理来设计房梁之类的工程结构。

这个图形看起来好复杂，为什么要画成这样呢？直接用一个直角三角形不就好了嘛！

别着急啊，你可以在纸上画一个直角三角形，然后分别以它的三条边为边长画出三个正方形。据说这两个小正方形的面积之和与这个大正方形的面积相等，你知道是怎么得出的吗？

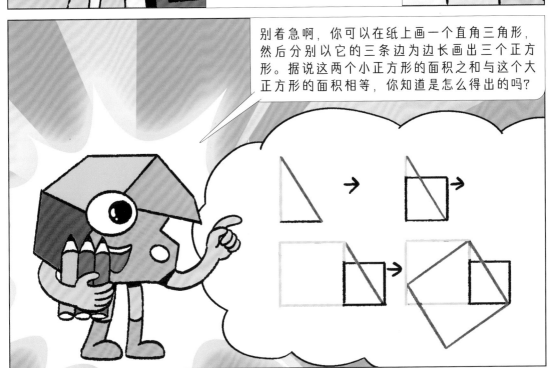

我们来比赛吧，看看谁能先推导出**勾股定理**！

比就比！

你看，最大的正方形已经盖住了两个小正方形的一部分，我们把小正方形们剩余的部分剪下来，看看能不能把它们填到大正方形里呢？

两个小正方形的面积之和与这个大正方形的面积相等，这怎么看出来相等的呢？

最小的小三角形和右上角的空白处形状一样呢，我们可以把它拼在这里！

我把两个小正方形拼在一起，看看能不能拼成那个大的正方形吧！

这样拼对吗？

这个黑色的小三角形可以拼在下面。

是不是还得**剪一剪**呢？

大功告成啦！

怎么样，服不服？

很简单吧？用正方形的面积计算公式就可以推导出来勾股定理啦。

股 弦 勾

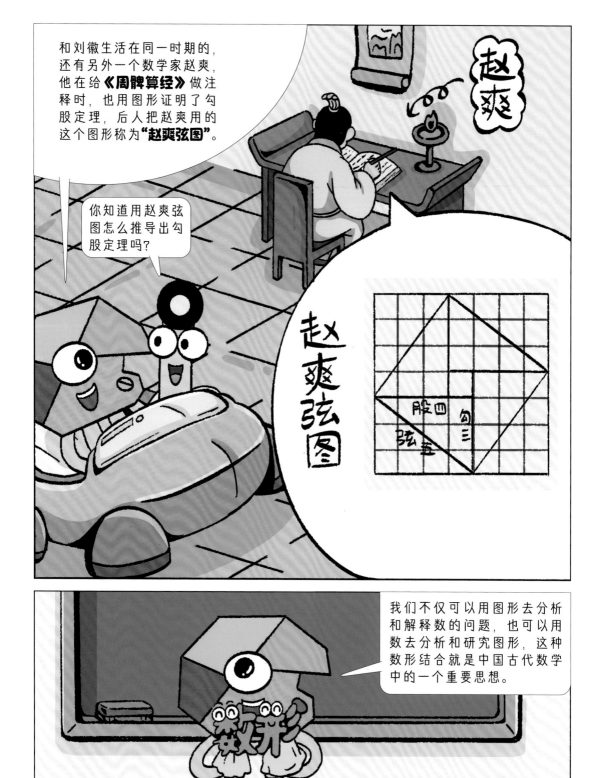

西方数学也同样重视这个思想，这就不得不提到一位重要的数学家了。

还记得那个看到蜘蛛织网而发明了坐标系的笛卡尔吗？

坐标系把数和形结合在了一起，既可以用数去分析和解决图形的问题，也可以用图形去分析和解决数的问题！

一次走完 7 座桥很难吗？

而我，几何直观，也是把数和形结合在了一起！而且……

而且？

几何直观并不只能用来解决代数问题，你可以用图表去分析和解释数学与生活中的很多很多问题，就像数学家欧拉解决**哥尼斯堡七桥问题**一样。

哥尼斯堡（现为加里宁格勒）是欧洲的一座古城，有一条河会流经这座古城。河上有两个小岛，有7座桥把这两个岛和河岸连接起来了。

有一天，一个人提出这样一个问题：能不能一次走完7座桥，每座桥只走一次，最后又回到出发点呢？你来试一试，看看可不可以吧！

走这么多遍还走不出符合要求的路线，数学家欧拉走出来了吗？

我是走不动了，太累了……

欧拉都没有走，他只用**一支笔和一张纸**就解决了这个问题。

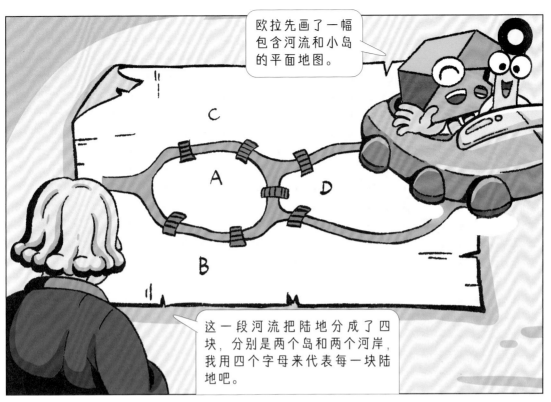

欧拉先画了一幅包含河流和小岛的平面地图。

这一段河流把陆地分成了四块，分别是两个岛和两个河岸，我用四个字母来代表每一块陆地吧。

如果把每一块陆地看成一个点，那每座桥就是把每两块陆地连接起的线，画一条线就相当于搭建起一座桥。

我从 B 这块陆地走到 A，经过了这座桥，那这座桥就是连接 AB 两个点的那条线。

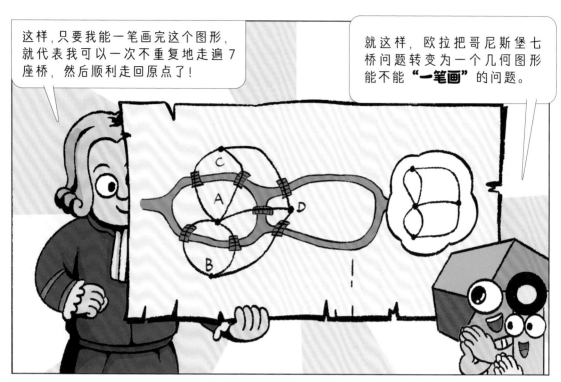

这样，只要我能一笔画完这个图形，就代表我可以一次不重复地走遍 7 座桥，然后顺利走回原点了！

就这样，欧拉把哥尼斯堡七桥问题转变为一个几何图形能不能**"一笔画"**的问题。

欧拉把图形里面的端点分为奇点和偶点，研究出了"一笔画"图形都具备的特征。最终，他证明了人们不能一次不重复地走完 7 座桥并回到终点。

注：奇点就是这个端点有奇数条线条，偶点就是这个端点有偶数条线条。

奇点

偶点

"一笔画"图形就是一个图形从起点到终点可以没有间断地一笔画成，画的时候图形上的线不可以重复。

欧拉发现，一个图形里必须没有奇点或者只有2个奇点的时候，才可以被一笔画完。

你看，圆形和正方形里都没有奇点，它们都是"一笔画"图形。

这就是几何直观的魅力，也是数学家分析问题的独特之处，他们可以用最简单的图形和符号分析出实际问题的本质。你也可以做到哦！

你可以不重复地走完地图上的所有路，并且到达这5个地点吗？

蛋糕店大酬宾啦

看，这里新开了一家蛋糕店，开业大酬宾，蛋糕店做了100个蛋糕给大家吃。

到店的前100名客人可以参加分吃100个蛋糕的活动，每个大人可以吃3个蛋糕，3个小朋友可以一起吃一个蛋糕。

这100个蛋糕正好被吃完了，每个人都吃到了蛋糕。

好大的蛋糕！

这得仔细地数一数啊。

那现在店里面有**多少个大人**，又有**多少个小朋友**呢？

我只需要一张纸和一支笔，就可以知道答案！

我们把一个大三角形看作一个大人，把一个小三角形看作一个小朋友，把一个圆形看作一个蛋糕。

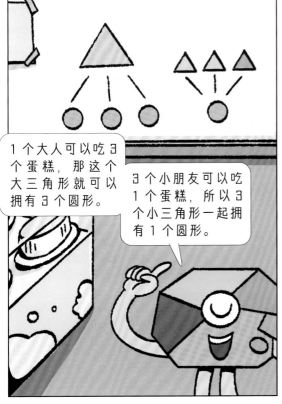

1 个大人可以吃 3 个蛋糕，那这个大三角形就可以拥有 3 个圆形。

3 个小朋友可以吃 1 个蛋糕，所以 3 个小三角形一起拥有 1 个圆形。

如果让它们 4 个坐在一桌，这张桌子上应该放几个蛋糕呢？

没错，这张桌子上应该放 **4 个蛋糕**。

→**4个蛋糕**

1个大人和**3个小朋友**刚好吃掉 4 个蛋糕。

如果每一张坐着 1 个大人和 3 个小朋友的桌子上都放上 4 个蛋糕，那 100 个蛋糕就可以放 25 张桌子。

100÷4＝25

25 张桌子，每张桌子上坐着 1 个大人和 3 个小朋友，这下你知道有多少个大人，又有多少个小朋友了吗？

其实，这是记录在中国明代数学家程大位的名著《直指算法统宗》中的一道著名算题"百僧分馍"，当然啦，和尚们分的不是蛋糕店里的蛋糕。

图表有妙用

不只是古人喜欢我，现代社会也离不开我。我可以让抽象的数据可视化，帮助人们记录和理解生活。

手机上记录步数的软件就使用了条形统计图，让你一眼就能看出来，这个月里哪一天走的步数最多。

环形图可以帮助你了解一项目标的完成率。

我计划每天要睡够8个小时，但是昨天没有完成任务……

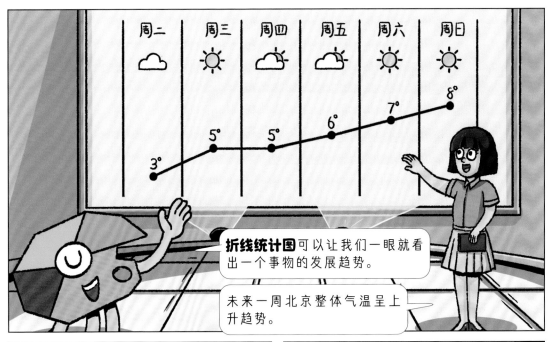

折线统计图可以让我们一眼就看出一个事物的发展趋势。

未来一周北京整体气温呈上升趋势。

你还可以通过**雷达图**一眼就发现每个科目的强弱。

就连大人们分析股票的时候，也离不开我的帮助。

英语是我的短板啊，但是我的数学很强！

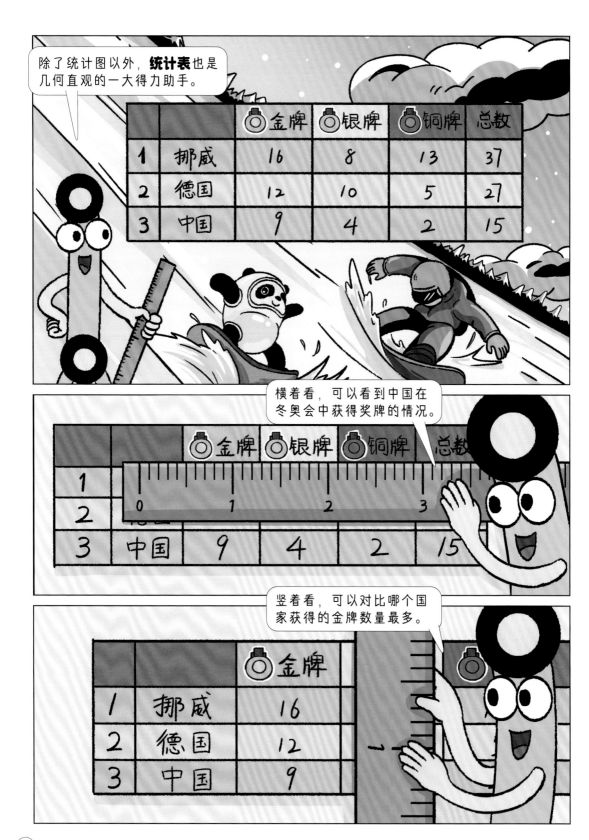

除了统计图以外，**统计表**也是几何直观的一大得力助手。

		◎金牌	◎银牌	◎铜牌	总数
1	挪威	16	8	13	37
2	德国	12	10	5	27
3	中国	9	4	2	15

横着看，可以看到中国在冬奥会中获得奖牌的情况。

		◎金牌	◎银牌	◎铜牌	总数
1					
2					
3	中国	9	4	2	15

竖着看，可以对比哪个国家获得的金牌数量最多。

		◎金牌
1	挪威	16
2	德国	12
3	中国	9

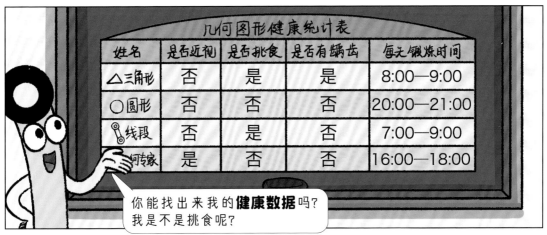

让你的思维更清晰

我还会让你拥有用**图形**来梳理事情的能力，能让你的思维变得更加清晰。

在你想事情的时候会不会遇到这种情况呢？可能只是一件"要怎么去上学"的事情，好像就可以做很多种选择，一想起来就一头乱麻。

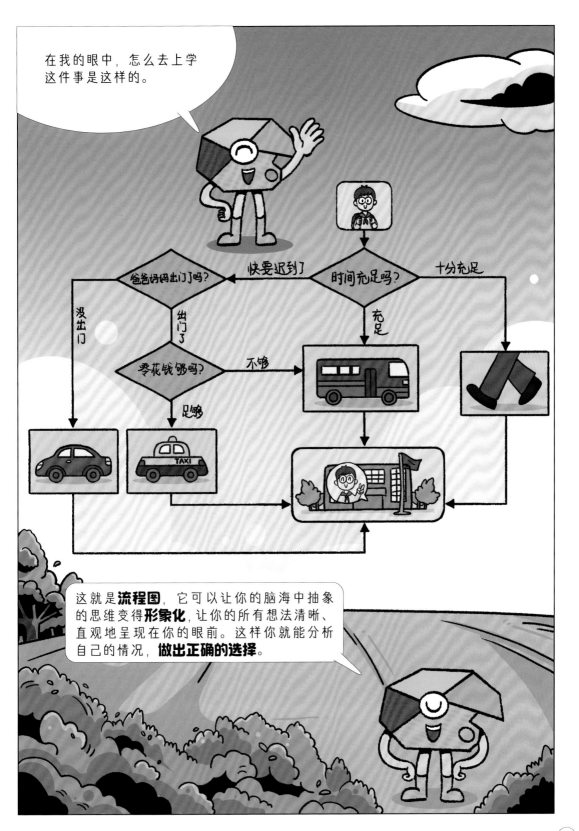

在流程图中，每一个图形都有它自己的**"使命"**。

我代表一个流程的开始和结束，一个流程图始于我，终于我！

我是这个流程中要进行的具体操作或者步骤。

我也是很重要的，我可是一个决策者，可以根据不同的情况，判断并做出不同的决策。

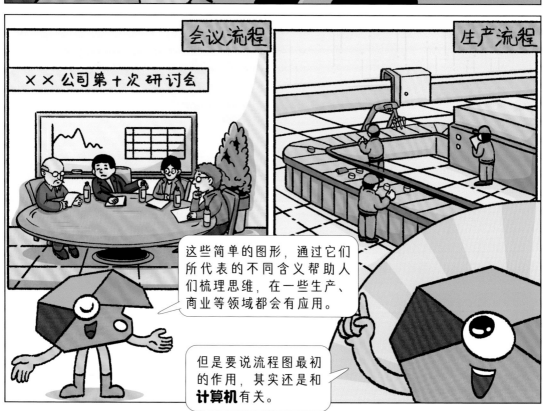

会议流程

生产流程

××公司第十次研讨会

这些简单的图形，通过它们所代表的不同含义帮助人们梳理思维，在一些生产、商业等领域都会有应用。

但是要说流程图最初的作用，其实还是和**计算机**有关。

发明流程图的是世界上第一位计算机程序员——**埃达·洛夫莱斯**，她创立了循环、子程序等概念，对如今计算机的发展有着巨大的贡献。

一家著名的人工智能计算公司为了纪念她，就推出了以她的名字命名的产品。

如果你未来想要学习编程，流程图可是必不可少的基础哦。

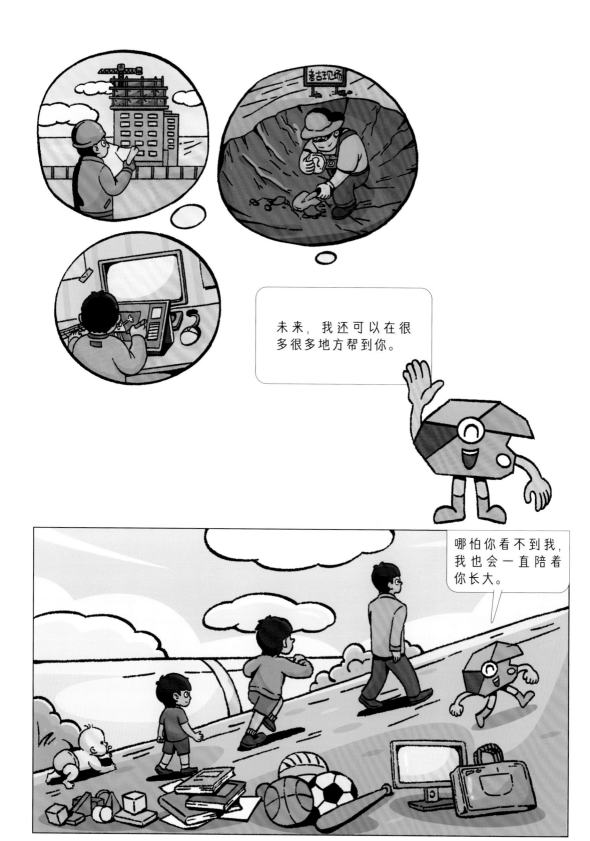

只要你愿意想象、愿意探索，你就可以在这大千世界中和我们一起找到属于你的那一片天地。让我们一起加油吧！

答 案 页

P6 你能在下面的甲骨文中找出代表数字的符号吗？
对照着下面的表格找一下吧！

一	二	三	亖	𝕏	∩∧	十
1	2	3	4	5	6	7
入	ㄥ	丨				
8	9	10				

P14 你知道用赵爽弦图怎么推导出勾股定理吗？

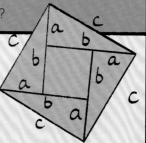

　　赵爽弦图是由4个一模一样的直角三角形围成的一个边长是直角三角形斜边的正方形。

　　我们假设直角三角形的斜边边长是 c，两条直角边分别是 a 和 b，那么被4个直角三角形围起来的小正方形的边长就是 $b-a$。

　　所以这个大正方形的面积就是4个直角三角形的面积与小正方形面积之和。

　　也就是说：

$$c^2 = 4 \times \frac{1}{2}(a \times b) + (b-a)^2$$

　　经过推导，最终可以得出：

$$c^2 = a^2 + b^2$$

　　即直角三角形斜边的平方是两条直角边的平方之和。

答案页

P21

你可以不重复地走完地图上的所有路，并且到达这 5 个地点吗？

　　我们可以把所有的路看作是线段，把 5 个地点看作是 5 个线段与线段的交点，那么这个地图就可以转化为一个几何图形。

　　这个图形中的奇点个数为 0，所以可以一笔画完。

　　也就是说，我们可以一次性地走完地图上的所有路，并且到达地图上的 5 个地点。

P25

100 个人吃 100 个蛋糕，每个大人吃 3 个，每 3 个小朋友吃 1 个，你知道有多少个大人，又有多少个小朋友吗？

　　我们让 1 个大人和 3 个小朋友坐在 1 桌，这样 1 桌上就有 4 个人，这 4 个人吃 4 个蛋糕。

　　如果每一桌都摆 4 个蛋糕，那么，100 个蛋糕可以摆 100÷4=25 桌。

　　每一桌上有 1 个大人，所以大人一共有 25×1=25 个；

　　每一桌上有 3 个小朋友，所以小朋友一共有 25×3=75 个。

概念收纳盒

出入相补原理： 指的是一个几何图形被分割成若干部分后，面积或者体积的总和保持不变。

勾股定理： 直角三角形的两条直角边的平方之和等于斜边的平方。

"一笔画"图形： 一个图形从起点到终点可由一笔画成而线路不中断也不重复。

数形结合： 是一种数学思想，指的是通过数与形之间的对应和转化关系来解决数学问题，可以让复杂的问题简单化、具体化、形象化。

几何直观： 主要是指运用图表描述和分析问题的意识与习惯，有助于把握问题的本质，明晰思维的路径。

统计图： 是用几何图形等来展示出统计数据的图形，具有直观、形象等特点，常见的统计图有条形图、折线图等。

统计表： 是用纵横交叉的线条所绘制的表格来反映统计资料的一种形式。

流程图： 是一种用规定的图形、指向线及文字说明来准确、直观地表示算法的图形。

米莱童书

米莱童书是由国内多位资深童书编辑、插画家组成的原创童书研发平台。旗下作品曾获得 2019 年度"中国好书", 2019、2020 年度"桂冠童书"等荣誉；创作内容多次入选"原动力"中国原创动漫出版扶持计划。作为中国新闻出版业科技与标准重点实验室（跨领域综合方向）授牌的中国青少年科普内容研发与推广基地，米莱童书一贯致力于对传统童书进行内容和形式的升级迭代，开发一流原创童书作品，适应当代中国家庭的阅读与学习需求。

策 划 人：刘润东
原创编辑：韩茹冰
知识脚本作者：于利 北京市海淀区北京理工大学附属小学数学老师，
　　　　　　　34 年小学数学教学经验，海淀区优秀"四有"教师。
漫画绘制：Studio Yufo
装帧设计：张立佳　刘雅宁　刘浩男　辛　洋　马司雯　朱梦笔
封面插画：孙愚火

图书在版编目（CIP）数据

这就是几何 : 全9册 / 米莱童书著绘. -- 北京 :
北京理工大学出版社, 2023.6（2024.2 重印）
　ISBN 978-7-5763-2252-1

　Ⅰ.①这… Ⅱ.①米… Ⅲ.①几何 - 儿童读物 Ⅳ.
①O18-49

中国国家版本馆CIP数据核字(2023)第060192号

出版发行 / 北京理工大学出版社有限责任公司
社　　址 / 北京市丰台区四合庄路6号
邮　　编 / 100070
电　　话 / （010）82563891（童书出版中心）
网　　址 / http: //www. bitpress. com. cn
经　　销 / 全国各地新华书店
印　　刷 / 北京尚唐印刷包装有限公司
开　　本 / 710毫米 × 1000毫米　1 / 16
印　　张 / 22.5
字　　数 / 540千字
版　　次 / 2023年6月第1版　2024年2月第4次印刷
定　　价 / 200.00元（全9册）

责任编辑 / 陈莉华
　　　　　　吴　博
文案编辑 / 陈莉华
责任校对 / 刘亚男
责任印制 / 王美丽

THAT'S GEOMETRY ▶ **09**

几何大陆参观记

■米莱童书 著/绘

带你走进精彩的
几何世界

北京理工大学出版社
BEIJING INSTITUTE OF TECHNOLOGY PRESS

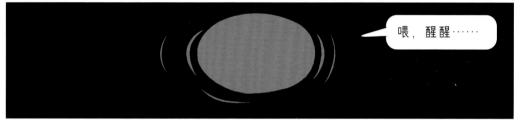

你们是来自几何星球吧，我们曾经观测过你们的星球。

观、观测？！

是的，我们这边科技还算发达。不如，就由我来带你们参观一下吧。

好啊！

不好意思，请问我们的飞船……

这个你们放心，我们的技术人员已经去修理了。这个摄像机已经修好了，还给你们。

谢谢你！

那我们开始吧，请随我来。

还好，科技的发展为我们的新生活提供了可能。我们几何大陆上有三大专家，它们一起设计建设了这些轨道。

我们所在的这条轨道，是**小型图形专用轨道**。看旁边的那一条，是大型图形专用的，那个圆形的直径有 30 厘米呢。

好大啊……

有了这些轨道，我们的交通变得更有秩序了。轨道上的所有人都按照**规定的速度和方向**运动着，几乎很少会发生什么交通事故……

砰！

啊！

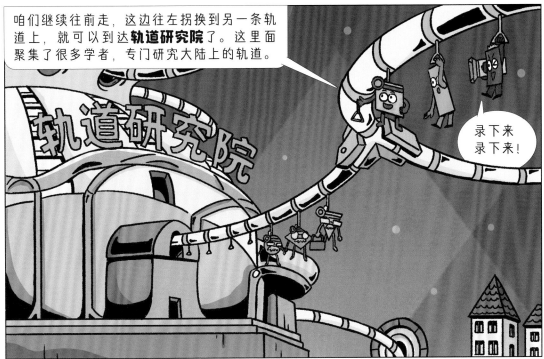

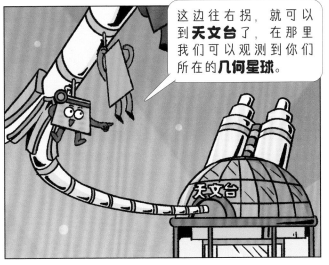

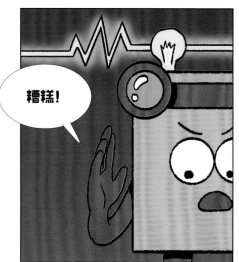

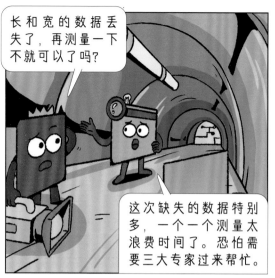

就选择这个长方形阿光的档案吧。我们都知道长方形的周长就是**两条长和两条宽的长度之和**。

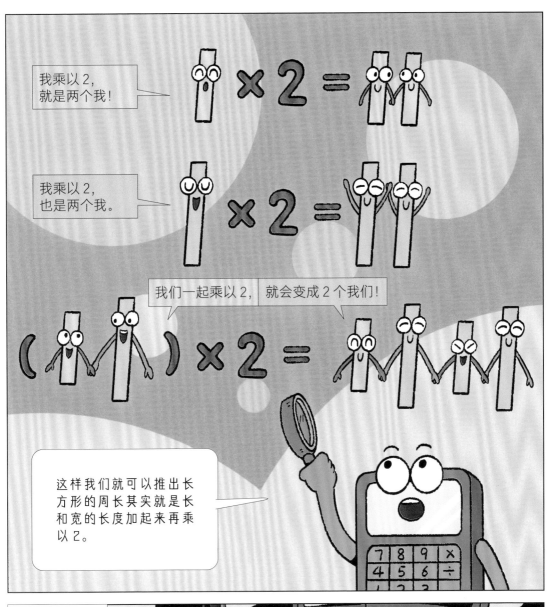

这个时候我们再看长方形阿光的数据，它的周长是6厘米。

我知道了，阿光的长和宽加起来再乘以2，就是6厘米！

我们是6个1厘米的小方块，如果把我们分成人数一样的两队，那一个队伍里就有3个1厘米的小方块啦。

没错！我们就可以推出来阿光的长和宽加起来是3厘米。

知道这个了，怎么算出来阿光的长和宽呢？

这个嘛，就要靠我给大家推理一番了！

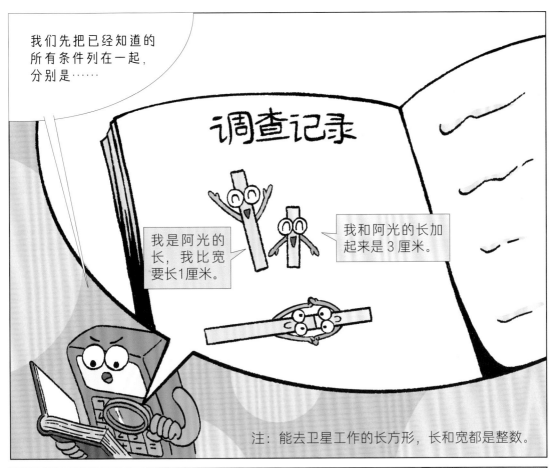

注：能去卫星工作的长方形，长和宽都是整数。

假设③

我比长短1厘米，那么我就是1厘米。

又排除了一种情况呢，现在我们继续假设阿光的长是2厘米。

这个时候，阿光的长和宽加起来是3厘米，它的周长是6厘米，也都符合数据库里的记载！

假设④

以防万一，我们还要继续假设一下最后一种情况——当阿光的长是3厘米的时候，它的宽就是2厘米。

这个时候我和宽组合起来，是一条5厘米的线段。

但是阿光的长和宽加起来才3厘米，所以这个假设也是不成立的。

经过这么多轮的假设和推理，我们把所有的情况都试了一遍，最后得出来阿光的长是2厘米，宽是1厘米。

算术专家好厉害！

可是这样的推理过程好烦琐哦。

接下来的舞台就交给我吧！

在告诉大家办法之前，请允许我先提一个问题。你们知道我为什么叫**"代数"**吗？

不知道。

哼哼！我叫代数就是因为，我可以**用符号代替未知数**，然后用这个办法去解决问题。

那什么是**未知数**呢？

未知数就是不知道的数，比如长方形阿光的长和宽，就是两个未知数。

现在让我们开始吧。我不知道阿光的长和宽，但是我可以**用符号来给它们包装一下**。这位小客人，x、y、z 这三个字母你最喜欢哪一个呢？

是在问我吗？我、我喜欢 x！

真有眼光！那我们就把这 x 看成是阿光的宽吧。要记住，x 代表的是一个数字哦。

这个时候呢，阿光的长和宽就可以用符号表示出来了。

我比宽长 1 厘米，所以我的长度是 x+1 厘米。

我的长度是 x 厘米。

这个方法真的好方便，我们回去也要研究一下。

带回去研究倒不如请我去你们的几何星球参观一下呀，说不定可以帮着你们改建一下。

可以吗？！

当然可以啦，我们致力于把先进的科技传递给全宇宙！

……好了，等问题解决了再说这个吧。

刚刚算术和代数说的办法，确实很有效，但是还是不够直观啊。

有效就可以了嘛。

为了让大家理解，我们还是要用几何的方法来解释一下，咱们先把长方形阿光画上去。

它刚刚不画阿光的五官，是不是因为画不好啊？

嘘。

……谁说我画不好的，我这不是画出来了嘛！

咳，不要在意那些细节，我们来看数据库里长方形阿光的信息。阿光的长比宽长 1 厘米，这样，我们把这根红色的小木棍看作是阿光的宽。

这根小木棍比你画的阿光的宽要长呀……

……掰断就好了，再找三根小木棍，现在我手里的这些木棍都和阿光的宽的长度一致。

呜呜呜……

现在我们把这四根小木棍贴在这个长方形上面，就像这样。

阿光的两条宽被遮住了，两条长也被遮住了一部分耶。

没有被木条遮住的部分，就是阿光的长比宽多出来的部分，也就是数据库里记载的1厘米呀。

对哦，我们可以用一根小木棍和一条1厘米长的线段组成阿光的长呀。

之后再算一个等式就可以了。

$(6-2)÷4=?$

1cm

没错，所以阿光的周长就是四根小木棍加上两条1厘米长的线段，每个小木棍相当于长方形阿光的宽，所以它的周长就是四个宽加上两条1厘米的线段咯。

这个等式看着有些复杂呀，不过和代数专家的方法差不多嘛，四个宽就是4个1，那宽就是1厘米呀。

我还有另外一个办法。

是什么呀？

宽还可以变成长呀。

现在，阿光还是当初的那个阿光，但是如果我把它的宽都变成它的长，它就会……

锵锵锵，变成一个正方形，因为它的四条边都一样长。

现在四条边的长度都是当初那个阿光的长啦！

长 宽

宽并不能无缘无故变长，阿光的宽要增加1厘米，才会变得和长的长度一样。

这个时候呢，变成正方形的"阿光"的周长就是四条长的和啦，它比之前那个阿光的周长，多出来了两个1厘米。

1cm

1cm

阿光的周长加上2，就是四条长的长度之和。那长就应该是"（6+2）÷4"厘米。

也就是2厘米，符合我们之前算出来的结果呢。

这么看下来，我的方法会更直观一点，大家看了都明白，用我的方法就可以了！

我的方法也很不错啊，为什么不用我的？

算术的法子是很不错，但是如果遇到周长是300厘米的长方形，你要怎么推理？难道你要列举出上百个数字吗？

我、我……

所以，为了尽快解决问题，就得用我代数的方法！

分明我的方法更直观！

我、我的也可以！

我的方法好！

用我的方法！

我的方法也不差！

所有工作人员分成三队，分别按照三种方法制作修复程序。

收到！

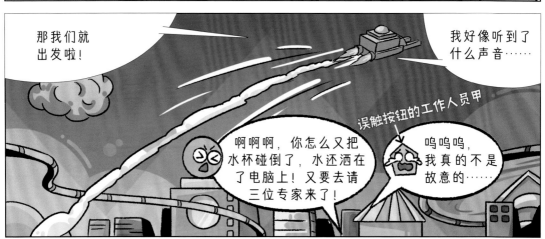

米莱童书

米莱童书是由国内多位资深童书编辑、插画家组成的原创童书研发平台。旗下作品曾获得 2019 年度"中国好书"，2019、2020 年度"桂冠童书"等荣誉；创作内容多次入选"原动力"中国原创动漫出版扶持计划。作为中国新闻出版业科技与标准重点实验室（跨领域综合方向）授牌的中国青少年科普内容研发与推广基地，米莱童书一贯致力于对传统童书进行内容和形式的升级迭代，开发一流原创童书作品，适应当代中国家庭的阅读与学习需求。

策 划 人：刘润东

原创编辑：韩茹冰

知识脚本作者：于利 北京市海淀区北京理工大学附属小学数学老师，
34 年小学数学教学经验，海淀区优秀"四有"教师。

漫画绘制：Studio Yufo

装帧设计：张立佳　刘雅宁　刘浩男　辛　洋　马司雯　朱梦笔

封面插画：孙愚火

图书在版编目（CIP）数据

这就是几何 : 全9册 / 米莱童书著绘. -- 北京 :
北京理工大学出版社, 2023.6（2024.2 重印）
　　ISBN 978-7-5763-2252-1

　　Ⅰ.①这… Ⅱ.①米… Ⅲ.①几何–儿童读物 Ⅳ.
①O18-49

中国国家版本馆CIP数据核字(2023)第060192号

出版发行 / 北京理工大学出版社有限责任公司
社　　　址 / 北京市丰台区四合庄路6号
邮　　　编 / 100070
电　　　话 / （010）82563891（童书出版中心）
网　　　址 / http://www.bitpress.com.cn
经　　　销 / 全国各地新华书店
印　　　刷 / 北京尚唐印刷包装有限公司
开　　　本 / 710毫米×1000毫米　1 / 16　　　　　责任编辑 / 陈莉华
印　　　张 / 22.5　　　　　　　　　　　　　　　　　　吴　博
字　　　数 / 540千字　　　　　　　　　　　　　文案编辑 / 陈莉华
版　　　次 / 2023年6月第1版　2024年2月第4次印刷　责任校对 / 刘亚男
定　　　价 / 200.00元（全9册）　　　　　　　　责任印制 / 王美丽